三峡库区水质与水生态环境分区评价

刘广龙 著

科学出版社

北京

版权所有，侵权必究

举报电话：010-64030229；010-64034315；13501151303

内 容 简 介

三峡水库的修建和运行在带来巨大经济效益的同时，也对库区水质和水生态安全产生了重大影响。随着三峡水库进入 175 m 稳定运行期后，其库区水质和水生态安全产生了新的变化。本书通过对三峡水库 175 m 稳定运行期后干流水质监测数据的获取及分析，采用模糊综合评价等多种方法分析库区干流的水质；采用国际先进的 Deflt 3D 模型对库区支流的水文和水质进行模拟；基于 DPSIR 模型，对库区不同分区如库首、库腹和库尾及不同角度如农业面源污染、城镇化等进行水生态安全评价。以期相关工作能对三峡库区进一步的科学管理提供依据。

本书可供三峡库区水环境相关的科技工作者、管理者及高等学校相关专业的师生阅读和参考。

图书在版编目(CIP)数据

三峡库区水质与水生态环境分区评价/刘广龙著．—北京：科学出版社，
2017.11

ISBN 978-7-03-055508-3

Ⅰ.①三⋯ Ⅱ.①刘⋯ Ⅲ.①三峡水利工程-水库环境-水环境质量评价
②三峡水利工程-水库环境-环境生态评价 Ⅳ.①X143

中国版本图书馆 CIP 数据核字(2017)第 280814 号

责任编辑：杨光华 郑佩佩/责任校对：谌 莉
责任印制：徐晓晨/封面设计：苏 波

科 学 出 版 社 出版
北京东黄城根北街 16 号
邮政编码：100717
http://www.sciencep.com

北京虎彩文化传播有限公司 印刷
科学出版社发行 各地新华书店经销

*

开本：787×1092 1/16
2017 年 11 月第 一 版 印张：10 3/4
2018 年 10 月第二次印刷 字数：255 000

定价：50.00 元
(如有印装质量问题，我社负责调换)

前　言

生态安全是当今社会最为关注的安全问题之一。生态安全问题的产生是由生态系统在时间和空间的变化引起的。生态系统的变化及其测定、生态系统的安全及其评价、生态安全的阈值及其确定无疑是资源环境研究领域最受关注的内容，它们也构成了生态安全的核心内容。

三峡水库是长江上游巨型水库群中最大和最关键的一座水库，直接关系到长江中下游地区的社会稳定、经济发展、生态安全、环境保护，因此三峡水库的水生态安全保障需求分析涉及区域广、服务人口众多、影响的行业多、牵涉的物理-生态过程复杂，是一个复杂的集中反映人类-自然二元复合系统特点的系统工程。为探明人类活动对三峡库区水生生态系统的生态效应的响应情况，本书从认识库区水质情况入手，对库区水体单元进行划分。在此基础上，针对三峡库区不同水体单元，建立大型水库水环境安全的评价技术体系，评估三峡库区水环境安全状态，诊断库区水环境问题及成因，识别关键影响因子，丰富大型水库蓄水运用期水环境问题及成因的认识，深入了解三峡库区经济社会发展、土地利用、水库蓄水运用方式等与库区水环境和水生态之间的胁迫-响应关系；对三峡库区蓄水运用期的水环境问题的发展趋势进行分析和评价，研究水污染防治的重点和主要手段。

本书共分为5章，第1章主要讲述三峡库区概况；第2章主要采用多种方法对三峡库区干流的水质问题进行诊断；第3章主要采用Delft 3D模型对三峡库区典型支流的水文水质进行模拟；第4章基于DPSIR模型对三峡库区和干流不同水体单元及库区典型支流的水生态安全进行评价；第5章对研究的成果进行总结并对今后的工作进行展望。

本书是国家水体污染控制与治理科技重大专项"不同水位运行下水环境问题诊断及生态安全保障研究"（2012ZX07104-001）项目第五课题"三峡库区水生态风险阈值及其安全保障方案研究"的研究成果，其中大部分内容是未以论文发表的成果。

结合本书的研究特点和要求，项目负责人朱端卫教授对本书的结构和内容进行了总体规划和设计，并对具体内容提出了要求。余明星对全书进行统稿，对各个章节的部分内容进行补充和修订。唐汉萌和成帅对本书的词句进行校正。本书的编辑也为本书的最后出版倾注了大量的心血。我们希望本书能为深刻认知和研究三峡库区的生态安全打下基础，也为三峡库区相关政策的实施提供参考。

刘广龙
2017年8月31日于武汉

目 录

第1章 绪论 ··· 1
  1.1 三峡库区概况 ·· 1
    1.1.1 自然概况 ·· 1
    1.1.2 社会经济概况 ·· 5
    1.1.3 面源污染来源分析 ·· 6
    1.1.4 城镇化现状 ··· 7
  1.2 水质评价 ·· 7
    1.2.1 国内外研究动态 ·· 7
    1.2.2 主要方法 ·· 9
    1.2.3 方法比较 ··· 13
  1.3 水生态安全评价 ·· 14
    1.3.1 指标体系 ··· 14
    1.3.2 技术方法 ··· 15
    1.3.3 水生态安全指数预测 ·· 17

第2章 三峡库区干流水质诊断方法 ··· 19
  2.1 主成分分析法原理与运算 ·· 19
    2.1.1 主成分分析法概述 ·· 19
    2.1.2 主成分分析法在水质评价中的应用 ·· 20
    2.1.3 175 m 蓄水位运行后干流水质时空特征 ···································· 22
    2.1.4 不同水位条件下主成分分析法分析水质空间变化 ······················· 34
  2.2 聚类分析 ··· 41
    2.2.1 聚类分析法概述 ··· 41
    2.2.2 2012年三峡库区干流断面聚类分析 ·· 42
    2.2.3 不同水质指标下三峡库区干流断面聚类分析 ····························· 43
  2.3 逐步判别分析法 ·· 45
    2.3.1 Bayes判别分析法 ··· 45
    2.3.2 三峡库区水质评价 ·· 46
    2.3.3 小结 ·· 49
  2.4 基于分层遗传算法的投影寻踪模型 ·· 50
    2.4.1 水质评价指标 ··· 50
    2.4.2 建立投影寻踪模型的步骤 ··· 50
    2.4.3 加速分层遗传算法优化模型 ·· 51

2.4.4 水质评价及结果分析 ··· 51
　　2.4.5 小结 ··· 53
2.5 距离评判理论和支持向量机的水环境质量评价 ···················· 54
　　2.5.1 基本理论 ··· 54
　　2.5.2 基于距离评判理论构建水环境质量评价指标体系 ········ 56
　　2.5.3 三峡库区水环境质量评价模型的构建 ·························· 57
　　2.5.4 小结 ··· 58

第3章 三峡库区不同水位条件下水质变化特征 59
3.1 Delft3D 模型概述 ··· 59
　　3.1.1 Delft3D 模型介绍 ·· 59
　　3.1.2 Delft3D 模型结构模块 ·· 59
　　3.1.3 Delft3D 模型部分模块介绍 ··· 59
　　3.1.4 基本原理 ··· 61
3.2 香溪河流域水质变化特征 ·· 62
　　3.2.1 香溪河研究区域概况 ··· 62
　　3.2.2 Delft3D 模型构建和水动力模拟 ································· 63
　　3.2.3 水动力分析 ··· 70
　　3.2.4 香溪河水质模拟 ·· 75
　　3.2.5 小结 ·· 82
3.3 大宁河研究区水质变化特征 ·· 82
　　3.3.1 研究区域概况与数据来源 ·· 82
　　3.3.2 Delft3D 网格创建与水动力模拟 ································· 83
　　3.3.3 结果与讨论 ··· 85
　　3.3.4 小结 ·· 93

第4章 三峡库区水生态安全评价 94
4.1 基本术语 ·· 94
　　4.1.1 水生态安全 ··· 94
　　4.1.2 生态风险 ··· 94
　　4.1.3 水生态安全评价 ·· 94
　　4.1.4 水生态安全评价的指标体系 ·· 94
　　4.1.5 水生态安全评价的方法 ··· 94
4.2 技术路线和思路 ··· 94
4.3 概念模型 ·· 95
　　4.3.1 DPSIR 模型的发展历史 ·· 95
　　4.3.2 DPSIR 模型的原理、结构 ·· 96
4.4 评估指标体系构建 ··· 96
　　4.4.1 指标选取原则 ··· 97
　　4.4.2 评价指标 ··· 97

4.5 数据预处理和标准化 …………………………………………………………… 105
4.6 权重的确定 ……………………………………………………………………… 106
4.7 生态安全度等级划分 …………………………………………………………… 106
4.8 评估过程 ………………………………………………………………………… 107
4.9 三峡库区水生态安全评价——基于 DPSIR 框架分析 ………………………… 108
  4.9.1 研究地域 …………………………………………………………………… 108
  4.9.2 研究背景 …………………………………………………………………… 108
  4.9.3 数据来源 …………………………………………………………………… 109
  4.9.4 评价指标 …………………………………………………………………… 109
  4.9.5 评价指标标准值 …………………………………………………………… 109
  4.9.6 评价指标权重 ……………………………………………………………… 110
  4.9.7 三峡库区干流水生态安全评价结果与分析 ……………………………… 112
  4.9.8 三峡库区典型支流——小江水生态安全评价结果与分析 ……………… 122
  4.9.9 三峡库区典型支流——香溪河水生态安全评价结果与分析 …………… 125
  4.9.10 三峡库区典型支流——大宁河水生态安全评价结果与分析 …………… 128
  4.9.11 农业面源视角下三峡库区水生态安全评价——基于 DPSIR 分析 …… 131

第5章 三峡库区水生态安全调控对策 …………………………………………… 143
5.1 三峡库区水环境问题诊断 ……………………………………………………… 143
  5.1.1 三峡库区干流水环境问题诊断 …………………………………………… 143
  5.1.2 三峡库区典型支流水环境问题诊断 ……………………………………… 144
5.2 三峡库区水生态安全问题解析 ………………………………………………… 144
5.3 三峡库区生态产业发展及水污染防治对策 …………………………………… 146
  5.3.1 产业发展模式 ……………………………………………………………… 146
  5.3.2 农业——多种模式的生态高效农业 ……………………………………… 147
  5.3.3 渔业——保护、改善 ……………………………………………………… 148
  5.3.4 畜牧业——利用库区资源综合发展 ……………………………………… 149

参考文献 ……………………………………………………………………………… 150

第1章 绪 论

1.1 三峡库区概况

1.1.1 自然概况

1. 地理位置与流域水系

三峡库区位于湖北省西部和重庆市中东部,地跨东经 $105°44'\sim111°39'$,北纬 $28°32'\sim31°44'$,所辖地域分为三峡库区和重庆主城区,共涉及 20 个区县,包括湖北省的巴东县、秭归县、兴山县和夷陵区 4 个区县,重庆市的江津区、渝北区、巴南区、长寿区、涪陵区、武隆区、丰都县、石柱土家族自治县、忠县、万州区、开洲区、云阳县、奉节县、巫山县、巫溪县 15 个区县(市)和主城区(包括渝中区、大渡口区、江北区、沙坪坝区、九龙坡区、南岸区、北碚区 7 区)。总幅员面积为 55 742 km^2,其中水域面积为 1 862 km^2,占总面积的 3.34%;总库容 393×10^8 m^3;水库全长 660 km,平均宽度 1.1 km,平均水深 90 m。三峡库区江河纵横,水系发达,分属长江干流、嘉陵江、乌江、汉江和洞庭湖等水系。当三峡水库处于 175 m 正常水位时,长江干流的河面宽度一般为 700~1 700 m,干流平均宽度约 1 100 m,其中大部分库区河段睡眠宽度不超过 1 000 m,仅万州区到丰都县之间约 150 km 库段的水面宽度超过 1 300 m。库区干流河段水流平均深度约 70 m,在坝前达到最大水深,约为 170 m。水库建成后,由于回水顶托的作用,造成三峡库区内 171 条支流洄水长度达到 1 km,16 条支流洄水长度达到 20 km。

2. 地形、地貌特征

三峡库区内地形复杂,跨越川鄂中低山峡谷和川东平行岭谷低山丘陵区,北靠大巴山麓,南依云贵高原北麓,处于大巴山断褶带、川东褶皱带和川鄂湘黔隆起褶皱带三大构造单元的交汇处。奉节以东属川东鄂西山地,奉节以西属川东平行岭谷低山丘陵区,高差悬殊,山高坡陡,河谷深切。三峡库区地处中国第二级阶梯的东缘,东西部海拔高程一般为 500~900 m,中部海拔高程一般为 1 000~2 500 m,主要地貌类型有中山、低山、丘陵、台地、平坝。山地占库区总面积的 74.0%,丘陵占 21.7%,河谷平原占库区总面积的 4.3%。

3. 气候特征

三峡库区地处中亚热带北部地区,属于亚热带季风湿润气候。主要气候特征为日照充足、气候温暖、雨量充沛、湿度较大、温湿凉热、云雾多、无霜期长、四季分明。年平均气温在 15~19 ℃,无霜期达 300~340 d。由于三峡库区山高谷深、高差较大,年平均气温高于长江中下游同纬度地区 2 ℃左右。从 2001 年开始,已连续 12 年气温偏高。近年来,三峡库区年平均气温一直呈现着上升的趋势,这与西南地区年平均气温的变化趋势基本一致。年均降水量高达 1 000～1 300 mm,降水量主要集中在 6～9 月,占年降水量的 50%～65%,多年年均径流量 401.8×10⁸ m³,6～10 月径流量占年径流总量的 74.8%～81.7%。海拔 500 m 以下的地区年平均气温 10 ℃以上年积温为 5 000～6 000 ℃(国家环境保护总局,2007)。

三峡库区主要气候灾害有暴雨洪涝、低温阴雨、高温、干旱和大雾等,其中暴雨洪涝的危害居库区气象灾害之首,每年 4～11 月均会发生洪涝灾害,其中 6 月与 7 月发生次数几乎占总次数一半。

4. 土地与植被特征

三峡库区成土母质复杂,发育的土壤类型多样,一共有 7 个土类 16 个亚类。主要土壤类型有黄壤、黄棕壤、紫色土、水稻土、石灰土等。紫色土占土地总面积的 47.8%,此种土松软易耕、富含磷钾元素,是三峡库区重要的柑橘产地;石灰土占 34.1%,大面积分布在低山丘;黄壤、黄棕壤占 16.3%,分布于河谷盆地和丘陵地区,土壤自然肥力较高,是库区的基本地带性土壤。三峡库区已发现的矿产达 75 种,已探明储量的有 39 种,是中国矿产资源比较丰富的地区。据《三峡工程生态和环境监测公报》,2008 年库区可利用土地 8 640 万亩①,其中农业用地 2 170 万亩,林业用地 3 486 万亩,其他用地 2 984 万亩,分别占库区可利用土地的 25%、40% 和 35%。在 2 170 万亩农业用地中,耕地 1 789 万亩,占 82.4%(图 1.1),多分布在长江干支流两岸,大部分是坡耕地和梯田。

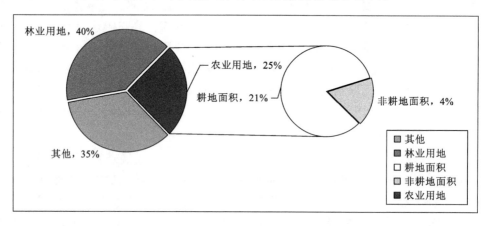

图 1.1 三峡库区土地利用面积比例图

三峡库区为亚热带季风气候,以栲、楠为主的常绿阔叶林是三峡库区的地带性植被。由于本区域未曾遭受第四纪冰川的侵袭,植物资源极为丰富,三峡库区已知的高等植物(苔藓除外)有 182 科 885 属 2 859 种,其中包括 26 亚种、14 变型,总数约为全国植物总数的 10.28%,种子植物总数的 9.85%(王汉元,2006)。三峡库区内在海拔 1 000 m 以下的地区,除残存小面积的未受人为强烈干扰的群落外,几乎无法找到能反映原来生态群落结构面貌的植被类型。原始的自然植被,只有在较高海拔的地段才能见到。在三峡库区,现

---

① 1 亩=666.67 m²。

在广泛分布的是柏木林、马尾松林以及它们的幼林,还有各种灌木丛、农田和草地。库区东北部和东南部山地残留的原始性植被,正支撑着这些支流河源的生态功能,整个三峡库区的森林覆盖率为27.3%(重庆市环保局,2002)。在2010年,三峡库区森林面积250.86万公顷,森林覆盖率43.50%。其中,重庆库区森林面积171.49万公顷,森林覆盖率37.03%,湖北库区森林面积79.37万公顷,森林覆盖率69.89%(中华人民共和国环境保护部,2010)。农、林、土特产资源丰富,据统计,经济植物超过2 000种,其中药用植物1 000多种,中药材、柑橘、茶叶、榨菜等在国内外享有盛名。目前三峡库区多数区县农业仍以传统种植业为主。

5. 水系与水资源开发利用

三峡库区水系庞大、河流纵横:除嘉陵江、乌江及长江干流河系外,有流域面积大于等于100 km² 的支流152条,其中重庆境内121条、湖北境内31条;流域面积大于等于1 000 km² 的支流19条,其中重庆境内16条、湖北境内3条。三峡库区主要支流见表1.1。嘉陵江、乌江是库区最大的两条支流,其他典型支流有香溪河、大宁河、梅溪河、汤溪河、磨刀溪、小江、龙河、龙溪河、御临河等。

表1.1 三峡库区主要一级支流统计表

序号	河流名称	所属地区	流域面积/km²	库区境内长度/km	年均流量/(m³/s)	汇入长江位置
1	綦江	江津区	4 394.4	153.0	122.0	顺江
2	大溪河	九龙坡区	195.6	35.8	2.3	铜罐驿
3	一品河		363.9	45.7	5.7	鱼洞
4	花溪河	巴南区	271.8	57.0	3.6	李家沱
5	五步河		858.2	80.8	12.4	木洞
6	嘉陵江	渝中区	157 900.0	153.8	2 120.0	朝天门
7	朝阳河	江北区	135.1	30.4	1.6	唐家坨
8	长塘河	南岸区	131.2	34.6	1.8	双河
9	御临河	渝北区	908.0	58.4	50.7	洛碛新华
10	桃花溪	长寿区	363.8	65.1	4.8	长寿河街
11	龙溪河		3 248.0	218.0	54.0	羊角垇
12	黎香溪	涪陵区	850.6	13.6	13.6	蔺是
13	乌江		87 920.0	65.0	1 650.0	麻柳咀
14	渠溪河		923.4	93.0	14.8	渠溪
15	碧溪河	丰都县	196.5	45.8	2.2	百汇
16	龙河		2 810.0	114.0	58.0	乌阳
17	池溪河		90.6	20.6	1.3	池溪
18	东溪河		139.9	32.1	2.3	三台
19	黄金河	忠县	958.0	71.2	14.3	红星
20	汝溪河		720.0	11.9	11.9	石宝镇

续表

编号	河流名称	所属地区	流域面积/km²	库区境内长度/km	年均流量/(m³/s)	汇入长江位置
21	壤渡河	万州区	269.0	37.8	4.8	壤渡
22	苎溪河		228.6	30.6	4.4	万州城区
23	小江	云阳县	5 172.5	117.5	116.0	双江
24	汤溪河		1 810.0	108.0	56.2	云阳
25	磨刀溪		3 197.0	170.0	60.3	兴阳
26	长滩河		1 767.0	93.6	27.6	故陵
27	梅溪河	奉节县	1 972.0	112.8	32.4	奉节
28	草塘河		394.8	31.2	8.0	白帝城
29	大溪河	巫山县	158.9	85.7	30.2	大溪
30	大宁河		4 200.0	142.7	98.0	巫山
31	官渡河		315.0	31.9	6.2	青石
32	抱龙河		325.0	22.3	6.6	埠头
33	神龙溪	巴东县	350.0	60.0	20.0	官渡口
34	青干河	秭归县	523.0	54.0	19.6	沙溪镇
35	童庄河		248.0	36.6	6.4	邓家坝
36	吒溪河		193.7	52.4	8.3	归州
37	香溪河		3 095.0	110.1	47.4	香溪
38	九畹溪		514.0	42.1	17.5	九畹溪
39	茅坪溪		113.0	24.0	2.5	茅坪

嘉陵江发源于陕西省秦岭南麓，流经陕西、甘肃、四川三省，在合川古楼进入重庆市，入境水量 275.5×10^8 m³，在重庆渝中区朝天门处汇入长江。流域面积 15.79×10^4 km²，全长 1 120 km，河口多年平均流量 2 120 m³/s，在重庆市境内的河长 153.8 km，流域面积 9 262 km²，落差 43.1 m。

乌江发源于贵州省咸宁县的乌蒙山麓，沿酉阳边界流过，经彭水、武隆，在涪陵城东注入长江，流域面积 87 920 km²，河流全长 1 020 km，河口多年平均流量 1 650 m³/s，重庆入境水量 396.7×10^8 m³，境内河长 235 km，流域面积 2.85×10^4 km²。

三峡库区年平均水资源总量 401.8×10^8 m³，具有防洪、发电、航运等综合效益。

(1) 防洪。三峡工程位于湖北宜昌夷陵区三斗坪镇，在长江防洪体系中的战略地位和发挥的防洪作用极其重要。三峡水库正常蓄水位 175 m，防洪库容 221.5×10^8 m³，对上游突发洪水可起到有效控制的作用。三峡水库调控蓄水，使荆江河段防洪标准由成库前的"十年一遇"提高到"百年一遇"或类似于 1870 年的特大洪水，减轻对中下游武汉市等地的洪水威胁和因洪灾造成的损失。

(2) 发电。三峡水电站，即长江三峡水利枢纽工程，与下游的葛洲坝水电站构成梯级电站。三峡电站安装 32 台 70 万 kW 水轮发电机组和 2 台 5 万 kW 水轮发电机组，总装机容量达 2 250 万 kW，年均发电量超过 $1 000\times10^8$ kW·h，是世界上装机容量最大的水电站。葛洲坝水电站位于湖北宜昌的长江三峡末端河段上,距长江三峡出口南津关下游 2.3 km。二江水电站安装 2 台 17 万 kW 和 5 台 12.5 万 kW 机组,大江水电站安装 14 台 12.5 万 kW 机组,总装机容量达 271.5 万 kW,年均发电量 $140×10^8$ kW·h。

(3) 航运。由于三峡工程抬高了水位,可显著改善宜昌至重庆 660 km 的长江航道,万吨级船只可直达重庆港,河道单向年通过能力 $5 000×10^4$ t,运输成本是原来的 63%~65%。经三峡水库调节上游来水,三峡大坝下游枯水季最少流量由成库前的 3 000 m³/s 提高到 5 000 m³/s,使三峡大坝下游枯水季的航运条件也得到了改善。

6. 主要的生态环境问题

(1) 三峡库区城镇污染主要源自工业化和城镇化过程中所排放的工业废水和生活污水。由于三峡库区主要是山区,经济欠发达,配套的污染防治设施和措施严重不到位,不能满足工业增长和城镇人口增长所带来的资源消耗和污水的排放,致使资源重复利用率低、污染排放量大,生态环境遭到破坏、水源遭到污染。据调查,2007 年三峡库区湖北段工业污水排放总量为 $1 857×10^4$ t,其中 COD 负荷量为 611 t;城镇集中式生活污水排放总量为 $3 474×10^4$ t,其中 COD 负荷量为 13 975 t。三峡库区点源 COD 负荷量为 14 586 t,占整个库区总 COD 负荷量的 26.4%。这些污染负荷部分或是较少经过处理后排放,并在雨水的冲刷作用下汇流进入三峡库区,对库区污染负荷总量造成影响。

(2) 三峡库区农村非点源污染分为以下四类,主要是农村生活污水、畜禽养殖废水、渔业养殖废水以及农药化肥施用的流失。农村生活污水基本上没有经过任何处理直接排放,会产生大量的污染负荷,经雨水的冲刷和地表径流的传输,最终汇流入三峡库区,对库区污染负荷总量造成影响。据分析,库区非点源污染 COD 负荷量为 40 584 t,占库区总 COD 负荷量的 73.6%。由以上分析可知,非点源污染几乎占库区污染负荷的 3/4,其中水土流失、畜禽养殖污染和农村生活废水的排放是库区富营养化污染的最主要的三个原因。

(3) 森林覆盖率低、资源消耗量大。三峡库区林种比较单一,多数为人工林,层次结构简单。由于三峡工程的兴建而淹没了大片土地,人均耕地面积进一步变少,而人口数量却是不断增加,人类活动强度也变得比以前要大,进一步增大资源环境的压力,垦荒开田和自然资源的掠夺开发愈演愈烈。

1.1.2 社会经济概况

2011 年,三峡库区户籍总人口 1 672.77 万人,比上年增加 0.7%。其中,农业人口 1 147.51 万人,比上年减少 5.3%;非农业人口 525.26 万人,比上年增加 17.3%。非农业人口占总人口的比重为 31.4%。

库区农业经济以种植业为主,其主要产品有水稻、小麦、榨菜、中药材、柑橘等。库区特殊的土壤、水质环境和气候适合榨菜生长,形成了以涪陵为中心主产区的榨菜种植业,其产品远销海外,十分著名。而三峡库区作为我国著名的柑橘生产地,宜昌等地的柑橘亦全国闻名。

三峡库区总体来说,社会发展水平依然比较落后,在国家和地方政府帮扶以及三峡建设所带来的经济发展契机下,经济发展较为迅速,人民生活条件有了较大的提高。据《三峡工程生态与环境监测公报》所知,在2011年,整个三峡库区实现了4 444.66亿元的生产总值,较上年增长16.8%。其中重庆库区生产总值达4 000.01亿元,同比增长16.9%;湖北库区生产总值为444.65亿元,同比增长16.0%。第一、二、三产业分别实现增加值486.64亿元、2 636.59亿元和1 321.48亿元,分别比上年增长5.3%、21.7%和11.6%,其中工业增加值2 009.63亿元,同比增长21.8%。第一、二、三产业增加值比例为11.0:59.3:29.7。

三峡地跨重庆市和湖北省,库区内风景优美,旅游景点众多。河流两岸崇山峻岭,悬崖绝壁,风光奇绝,两岸陡峭连绵的山峰,一般高出江面700～800 m。江面最狭处只有100 m左右。瞿塘峡、巫峡、西陵峡、宏伟的三峡工程、大宁河小三峡等都是风光绮丽的著名旅游景点。长江三峡是中国文化的一个重要发源地,历史文化名胜众多。如南津关孙夫人庙、云阳张飞庙、丰都鬼城、奉节白帝城等都是著名的名胜古迹。

1.1.3 面源污染来源分析

1. 农田化肥污染

三峡库区第一产业的快速发展与化肥的施用有很大关系,农业生产得越快,对化肥的需求也就越来越多,施用率也就越来越高,进而过多的化肥使用量使区域内的生态环境受到了严重的考验。并且库区各地的农民在施肥的过程中,对于施肥的时机、施肥量、施肥的方法掌握得不是很专业,造成了较低的化肥利用率。据相关研究,我国氮肥的利用率只有30%～35%,磷肥利用率只有10%～20%,钾肥利用率在40%～50%,平均化肥利用率较发达国家低10%～15%。由于不合理的施肥,很多的肥料残存在土壤中,在降雨等因素作用下而造成化肥流失,多余的氮磷肥便通过地表径流进入水体,或是通过下渗进入地下水,造成库区水体污染。

据对氮肥、磷肥的残留和流失的研究资料表明,作物对氮肥的利用率平均为35%,氮肥在土壤中残留率平均为30%,地面径流率为9%,地下淋溶率为0.54%。磷是引起水库富营养化的主要限制因子,磷肥在环境中主要是以P_2O_5的形式存在,根据磷的研究资料表明,作物对磷肥的利用率平均为34%,磷肥在土壤中残留率平均为13%,地面径流率为5%,地下淋溶率为0.75%。

2. 畜禽养殖污染

畜禽养殖的过程中会产生大量的畜禽粪便,这些畜禽粪如果加以利用便是资源,如果当成废弃物或是利用不合理那就是污染源。由于山区农民的环保意识薄弱,也没有专门的处理畜禽粪便的企业落户山区,产生的畜禽粪便也就没有经过专门的处理,只是用畜禽粪便、青草和土壤在一起堆肥,等腐熟了之后作为肥料,一旦遇到降雨,粪肥会被雨水冲刷而随着地表径流进入库区,使得库区湖北段水体中氮磷等营养元素增加,有可能引起水体富营养化。

据调查,牲猪是库区湖北段主要的畜种,鸡是主要的禽种,大牲畜主要是牛。2007～2012年,畜禽养殖的数量呈现出稳步的增长趋势。到2012年底,畜牧存栏量(以猪计)达256.25万头。

3. 生活污染

三峡库区城镇生活污水、农村生活污水处理效率低,污水处理设施配套不足,且很难达到严格的排放标准；库区生活垃圾处理设施建设滞后于人口和经济增长，过量施用农药化肥，农作物秸秆、人畜粪尿、废弃农膜等农业废弃物未能进行无害化处理和资源化利用，导致三峡库区非点源污染日趋严重。随着三峡库区移民带来的快速城镇化，各项市政设施和环境保护措施的建设速度大大滞后于人口聚集的速度，城镇化过程正在对自然资源与自然环境产生巨大的影响。库区不少地方的生态环境受到严重破坏，长江上游的水生态安全面临严重挑战。随着大量移民迁建安置和库区蓄水，库区水环境容量降低，水质将进一步恶化，各类污染负荷已经成为影响和破坏三峡库区生态环境的重要因素。

1.1.4 城镇化现状

重庆三峡库区是重庆实施"大城市带大农村"战略的主要着力点之一，也是整个三峡库区经济的主体。库区百万移民历经 17 年已顺利实现搬迁，期间，1993～2003 年库区先后经历了一期移民、二期移民两个阶段，之后进入全面移民搬迁阶段，国家在库区实施了开发性移民。2010 年三峡四期移民扫尾工作全面完成，三峡工程实现了 175 m 试验性蓄水目标，这标志着三峡库区整体进入了"后三峡时期"。根据三峡库区经济发展的初步研究表明，库区在正式进入大规模移民搬迁以来，经济发展是比较迅速的，基础设施建设和经济发展条件也有明显改善。

2011 年全国城镇化水平是 51.27%，东中西分别为 61.0%、47%、43%，重庆库区城镇化水平为 50%，高于中西部城镇化水平。但由于自然、历史等原因，重庆三峡库区的城镇化水平还远落后于东部地区，且高水平城镇化地区集中在库区的都市圈，三峡库区与其他两个经济圈的经济发展水平差距日益拉大，库区内部区县之间城镇化的差距也在不断扩大。

1.2 水质评价

1.2.1 国内外研究动态

环境科学的研究对象，主要是指能够直接或间接影响人类社会生存和发展的各类自然与社会环境要素的总体（陈晓宏，2001）。环境科学所研究的自然环境之中，水环境是一个十分重要的组成部分，而水环境质量一般是指人类社会活动对水环境污染损害的程度（叶文虎，1994）。对水环境污染程度的评价就是水环境质量评价，简称水质评价，它是指针对不同的水体单元（河流、湖泊、水库、海洋等），通过选择不同的水质参数、水质标准和评价方法，将简单的水质参数转变成定性或者定量描述水质状况的信息。水质评价能确定水体单元水质级别，评定其污染的程度，弄清水体质量变化规律，从而为水环境功能分区、水体污染的治理，以及水环境的规划与管理提供科学合理的依据。

水质评价在时间梯度上可大致分为回顾评价、现状评价及其影响评价（环境保护部环境工程评估中心，2009）。其中，水质评价的基础是水质现状评价。水质现状评价可以了解过去人类活动对一个地区水环境质量各要素的影响后果，从而可以进一步追溯造成污染的原因，为水环境管理提供依据，也便于水环境污染防治措施的制定和实行。

水质评价建立在水质标准的基础之上,水环境法规和水环境标准是水质评价的依据(杨钢,2004)。环境法规和环境标准不仅仅是一个国家或地区的环境政策,也是一个国家和社会对水环境持续发展价值观的体现。依据我国环保部门的规定,针对不同的水体类型,水质评价标准不同(张蕾,2010)。我国目前已经颁布的水体水质标准有《地表水环境质量标准》(GB 3838—2002)、《地下水环境质量标准》(GB/T 14848—1993)、《生活饮用水卫生标准》(GB 5749—2006)、《海水水质标准》(GB 3097—1997)、《农田灌溉水质标准》(GB 5083—2005)、《国家渔业水质标准》(GB 11607—1989)等。不同水域或区段所体现的水体功能不同,因此,需要采用不同的水质指标和标准值对水体单元的水质进行评价。我国最新的《地表水环境质量标准》(GB 3838—2002)就将地表水的评价标准项目分为地表水环境质量标准基本项目、集中式生活饮用水地表水源地补充项目和集中式生活饮用水地表水源地特定项目三大类。

1. 水质评价国外研究进展

国外的水质评价是从20世纪初期开始逐渐发展起来的。随着工业的发展,尤其是自20世纪50年代出现震惊全世界的众多公害事件(日本熊本县水俣病事件、日本富山县骨痛病等)以来,人们越来越意识到,水环境的破坏会对人类生存和发展产生极大的危害。这对环境科学这一学科的发展起到了极大的推动作用,而环境科学领域中很重要的一个分支——环境质量评价也得到了长足的发展。

最初,对水质好坏的鉴定,只是简单地通过颜色、气味、浑浊度等一系列感官性状来进行定性的评定。经过一定时期的发展,开始逐渐选用水化学指标以及生物指标,1902~1909年,德国柯克维兹和莫松等提出了生物学的水质评价分类方法;1909~1911年,英国根据河流水质情况,提出以化学指标对河流进行污染分类,这便可以在一定程度上对水质进行定量评价(陆雍森,1999)。

美国的水质评价工作开展较早,发展迅速。在1965年,Horton选用了8个水质参数对水环境进行评价,提出质量指数(quality index),这标志着水质评价的开始,该指数也被称为豪顿指数(Horton,1965)。之后,水质评价历经50多年的发展,水质评价的方法已有数十种。1970年,Brown等提出了水质现状评价的质量指数(water quality index),该指数被称为布朗水质指数(Brown et al.,1970)。1974年,Nemerow(1974)在其《河流污染的科学分析》一书中提出了另一种指数(即内梅罗河流水质指数)的计算,对美国纽约州的一些地面水的情况进行了指数计算。1974年,Walski(1974)提出了生态水质指数的概念。1977年,Ross根据生化需氧量、氨氮、悬浮物及溶解氧4项指标,对英国克鲁德河流域干流、支流的水质进行了评价,该指数被称为罗斯水质指数(Ross,1977)。

日本的环境质量评价最重要的一个特点就是将污染控制与评价工作紧密的相结合,先后提出多种控制方式、例如早期的浓度控制方式、以后的总量控制方式和按变化的排放量分配控制方式等。在政策上加大关注力度,十分重视。从1972年起,环境影响评价就一直作为一项重要的国策来实行,在环境质量评价内容上,除了评价对自然环境的影响之外,还需要评价对社会和经济带来的影响。

20世纪70年代开始,东欧国家和苏联开始了环境质量评价工作,苏联在莫斯科河、顿河、伏尔加河等河流建立了河流污染平衡模式。许多学者提出,生物学指标是评价时除物理、化学指标之外很重要的指标。

到20世纪末,水环境问题变得越来越突出,并对人类的社会经济发展起到了很大的阻碍。因此,人类的社会经济活动和水环境之间的相互响应关系引起了国外水环境领域专家的重视。由此开始,宏观的水环境评价逐渐成为研究的重点和热点。一系列的国家和组织纷纷开始对水质环境标准进行调整,如美国环境保护局(United States Environmental Protection Agency)、日本,甚至世界卫生组织(World Health Organization)都将水质标准进行了大幅度的修改。水质评价由微观向宏观的转变,不单体现在世界各国和组织对水质标准的调整,研究对象的宏观化也是重要的表现。由单一的水质评价逐渐地转变为以某一个区域或流域为尺度的多个水环境影响因素的评价。评价的方法也由简单的单因子指数评价或者综合指数评价,扩展到了模糊综合评价法、灰色系统理论评价法、人工神经网络评价法、多元统计分析法(聚类分析、主成分分析、多元回归分析、判别分析等)等方法。

2. 水质评价国内研究进展

我国的水质评价大致可分为两种。第一种是针对不同的水体单元采用不同的环境标准进行的水质评价;另一种是针对同一水体单元不同发展阶段进行评价,如水质现状评价、水质动态评价、水环境污染评价等。

1974年,关伯仁提出在各种污染物影响下评价水质污染状况的水质指数,这是我国第一个用于综合评价水污染状况的指数(关伯仁,1980)。我国的水质评价在发展的初期,仅限于小范围区域的现状评价,如北京西郊环境质量评价、官厅水库环境质量评价等。自20世纪70年代以来,我国开展了官厅水库、杭州西湖、昆明滇池、太湖、白洋淀、松花江、图们江、湘江、武昌东湖、东海海域等一系列水环境水质评价工作,取得水质评价研究成果的同时,积累了丰富的水质评价经验。1979年以后,我国进入改革开放时期,经济得到了长足迅猛的发展,但随之环境问题也凸显出来,尤其是水环境问题,已经成为制约我国经济可持续发展的重要因素。为了实现我国水资源的可持续利用,国家发展计划委员会联合水利部,共同对《全国水资源综合规划》实行了部署。作为《全国水资源综合规划》的重要组成部分,地表水水质调查与评价自1979年以来,已经开展了三次(彭文启 等,2004)。1983年,《地面水环境质量标准》(GB 3838—1983)颁布,历经三次修改之后,在2002年,最新的《地表水环境质量标准》(GB 3838—2002)颁布。最新的水环境质量标准的颁布使得我国水质评价的技术标准更加规范准确,有利于水质评价学科领域的发展。目前,我国众多的高等院校均开设了环境评价课程,已经产生了很大一批环境评价领域的专家和学者,从理论和实践经验两方面来讲,无论是广度还是深度上都对环境评价的发展起到了很重要的作用。水质评价作为环境评价领域相当重要的一环,无疑也能得到很好的发展。

1.2.2 主要方法

1. 单因子评价法

单因子评价法是国标规定的水质评价方法。在《地表水环境质量标准》(GB 3838—2002)中有明文规定,地表水环境质量评价根据应实现的水域功能类别,选取相应类别标准,进行单因子评价,评价结果应说明水质达标情况,超标的应说明超标项目和超标倍数。单因子评价方法是通过将实际水质监测各指标的数值与国家地表水环境质量标准相比较,从而判定水质类别;通过众多指标的依次比较,选择其中水质评价等级最低的类别作为该处断面或水域的最终评价水质等级。单因子评价能清晰简便地将水质指标实测值与环境质量标准进行比较,从而获得水质现状与环境标准之间的关系。在运用该方法时,可以获得单因子评价指数,用以评价某项水质指标相对于环境质量标准的参数的污染程度。

单因子评价法的基本原则是一票否决制,这是一种悲观的评价原则(艳卿,2004)。所有的水质指标中,只要有某一项指标超过标准值,所在水域的水质便会受到极大的损害,从而不能满足该处水域的使用功能(尹海龙,2008)。由于在单因子评价时没有将各个水质指标对环境的污染综合效应进行评估,也完全不考虑各个水质指标对水体功能破坏能力的差异性,每个指标的评价结果都是独立的,这样就会产生与实际情况不相符的结果。

单因子评价指数计算公式为

$$P_i = C_i / C_0 \tag{1.1}$$

式中:P_i 为单因子评价指数;C_i 为某一种水质指标的实测值;C_0 为某一种水质指标的评价标准。

对于 DO,其水质指数计算公式为

$$P_{DO} = \frac{|O_S - C_{DO}|}{O_S - S_{DO}} \quad (C_{DO} \geqslant S_{DO}) \tag{1.2}$$

$$P_{DO} = 10 - 9 \frac{C_{DO}}{S_{DO}} \quad (C_{DO} < S_{DO}) \tag{1.3}$$

式中:P_{DO} 为 DO 的单因子指数;O_S 为监测温度下饱和溶解氧浓度,m/L;C_{DO} 为实测的溶解氧浓度,m/L;S_{DO} 为溶解氧浓度的标准值,m/L。

对于 pH,其指数按下式计算:

$$P_{pH} = \frac{7.0 - pH_{Ci}}{7.0 - pH_{Si}} \quad (pH_{Ci} \leqslant 7.0) \tag{1.4}$$

$$P_{pH} = \frac{pH_{Ci} - 7.0}{pH_{Su} - 7.0} \quad (pH_{Ci} > 7.0) \tag{1.5}$$

式中:P_{pH} 为 pH 的标准指数;pH_{Ci} 为 pH 的现状监测结果;pH_{Si} 为 pH 采用标准的下限值;pH_{Su} 为 pH 采用标准的上限值。

单因子评价指数越大,就表示该水质指标对水环境的污染程度越重,反之越轻。

2. 水质综合指数评价法

水质综合指数评价法通过对各个水质监测项目的数据结果与评价标准进行对比分析,得到各个指标的污染指数,然后采用某一种或多种数学运算方法,将各个水质指标综合整理,得到水质综合指数,并用该指数作为水质评价的尺度,评估水质优劣。求得水质指数的数学运算方法有很多种,最主要的有代数叠加法、加权平均法、综合加权法、幂指数法、极值法等(薛巧英,2004)。常用的水质综合指数有豪顿(Hoorton)水质指数、布朗(Brown)水质指数、普拉特(Prati)水质指数、内梅罗(Nemerow)指数、罗斯(Ross)水质指数等。不同的水质综合指数各有特点,同时也都存在着不足。其中,如何确定各项指标的权重,是一项需要专门研究的问题。以下简要介绍一下运用较多的内梅罗指数法。

内梅罗指数法是当前国内外进行综合污染指数计算最常用的方法之一,是一种兼顾极值和平均值的计权型多因子评价指数,该方法先求出各因子的分指数(超标倍数),然后求出各分指数的平均值,取最大分指数和平均值计算。内梅罗指数法是国家技术监督局于1994年实施的地下水质量标准(GB/T 14848—1993)中推荐的方法(李亚松 等,2009),其运行步骤是首先进行水质的单项组分评价,依据水质标准,划分单项组分所属类别,对各类别按表1.2分别确定单项组分评分值。

表1.2 地下水质量评分类别表

项目	I	II	III	IV	V
F_i	0	1	3	6	10

然后利用内梅罗指数计算公式计算单项组分的综合评分值。

$$F = \sqrt{\frac{\overline{F}^2 + F_{\max}^2}{2}} \tag{1.6}$$

$$\overline{F} = \frac{1}{n}\sum_{i=1}^{n} F_i \tag{1.7}$$

式中:$F_{\max}$各单项组分评分值F_i中的最大值;$\overline{F}$为各单项组分评分值F_i的平均值;n为项数。

通过评分值F的大小,来确定水质级别,分级标准按表1.3进行。

表1.3 地下水质量分级标准

级别	优良	良好	较好	较差	极差
F	<0.80	0.80~2.50	2.50~4.25	4.25~7.20	>7.20

3. 灰色系统理论评价法

1982年,我国学者邓聚龙教授提出了灰色系统理论(邓聚龙,1982)。在灰色系统理论中,颜色的深浅用来表达信息多少。如果对系统内部特征完全不了解,信息不足,就用黑表示;如果系统内部的特征很清晰,信息足够,就用白表示;如果系统一部分信息已经清楚,一部分又未知,这种系统就称为灰色系统。系统内部因素关系是否确定是区分白色系统和灰色系统的标志。在水环境质量评价中,水质数据的获得总会受到时间和空间范围的限制,反映的信息不完备,通过水质监测所得到的数据,由于信息不全或者不可靠,不能完整确切地对水环境进行描述,难以准确掌握水环境系统的变化规律,因此将灰色系统理论运用到水质综合评价是切实可行的。

运用灰色系统对水环境系统进行评价的基本思路是,通过计算各个水质指标的实测浓度与各个级别水环境质量标准之间的关联度,再依据关联度的大小来判断水质的好坏(罗定贵 等,1995)。在水质综合评价中运用较多的灰色系统方法有:等斜率灰色聚类法、灰色模式识别法、宽域灰色决策法、灰色聚类法、灰色关联评价方法、灰色贴近度分析法等。灰色关联综合评价法就是一种通过确定实测数据样本序列和各级标准序列间的关联度来确定水质级别的方法。关联度越高,就表明实测的水质数据样本越贴近该级别环境质量标准,则表明此实测数据就是所要评价的水质级别(陈晓宏 等,2001)。灰色聚类法则是将灰色理论中白化函数引入到聚类分析中,是将聚类对象对不同聚类指标所拥有的白化数,按几个灰类进行归纳,以判断该聚类属于哪一类。

4. 模糊综合评价法

1965年,美国加利福尼亚大学著名的Zadek教授发表"模糊集合"一文,模糊数学这一新学科就此诞生(Zadek,1965)。随后,模糊数学理论在短时间内便得到了迅速发展,在数学、计算机科学、经济学等众多学科领域都得到了广泛的应用。

水体环境存在很多不确定性因素,水质级别的划分、水环境质量标准的建立都有模糊性,也包括人类探索水环境的过程中认识上的局限性,评价过程中水质数据的不可靠性、完备性等。因此,利用模糊数学模糊关系合成的原理,将众多不易定量的影响因素进行综合性的评价,成为解决水质评价过程中众多可变因素难以综合分析的有效手段,从而得到了广泛的应用。例如:尚佰晓将模糊综合评价法应用于凡河榛子岭水库上游河段的水质状况综合评价,并与通过单因子指数评价法得出的结果进行比较,从而得出采用模糊综合评价法评价效果优于单因子指数评价法的结论(尚佰晓,2013);朱引弟在对太湖水质进行评价的过程中应用了改进模糊综合评价法(朱引弟 等,2013);卢文喜通过将层次分析法与模糊综合评价法相结合,对石头口门水库的四条汇水流域进行了评价(卢文喜 等,2011)。刘江通过模糊综合评价法,对博斯腾湖水的水质进行了评价(刘江 等,2013)。

模糊评价法的基本思路是:依据各个水质参数,通过衡量各项水质参数在总体评价中的地位,给予适当的权重,确定各水质指标对各级水环境质量标准的隶属度,形成隶属度矩阵,经过模糊矩阵运算,获得一个综合隶属度。由此来划分水质类别,反应综合水质级别(温周瑞 等,2013)。

5. 人工神经网络法

人工神经网络(artificial neural network,ANN)产生于20世纪50年代,它是一门非线性科学。人工神经网络是一种应用类似于大脑神经突触连接的结构进行信息处理的数学模型。近年来,人工神经网络理论和应用技术日渐完善,加上其拥有反应迅速,应答准确等其他评价方法无法拥有的优越性能,已经成为各个学科的研究热点。自20世纪80年代开始,人工神经网络就已经开始被国内外的专家们用于水质评价工作中(Walley et al.,1998)。最常用的两种网络模型主要是BP神经网络模型和Hopfield网络模型。

用人工神经网络法对水环境质量进行评价,需先将水环境标准所规定的各个水质标准浓度生成学习样本,然后对网络进行学习训练,当网络收敛后即可用来对所需评价的水质进行环境质量评价。采用人工神经网络模型进行水环境质量评价运算速度快,评价结果准确,具有广泛的应用前景,为水环境质量评价开辟了一条新途径(张水珍,2011)。由于人工神经网络具有很强的自组织和自学习能力,和现有常用的其他水质评价模型相比,人工神经网络水质评价模型具有很强的优势,在水质评价实际工作中,得到了广泛的运用。例如,李占东运用BP人工神经网络模型对珠江口2002~2003年水质状况作出评价(李占东 等,2005)。张文鸽运用BP神经网络算法,以宁夏水质评价为实例,采用人工神经网络进行水环境质量评价,运算速度快,评价结果准确,具有广泛的应用前景(张文鸽等,2004)。李靖在对高原湖泊水质评价时,也应用了 BP 神经网络模型,所得结果能准确反应水体污染程度,处理样本强,评价效果好(李靖,1998)。

6. 多元统计分析法

多元统计分析是统计学中应用性很强的一个分支。1928 年 Wihart 发表的论文"多元正态总体样本协方差矩阵的精确分布",标志着多元统计的起源。随着人类社会发展的飞速进步,人们在研究一个对象时,往往需要考虑多个指标或者变量。传统的分析方法,往往一次只分析一个变量,这会造成效率严重不足,而且分析的结果不好。这时候,多元统计所带有的一次可研究多个指标或变量的特征,与传统的分析方法比较起来,就具有很大的优越性。20 世纪 30 年代,在诸多学者的努力探索下,学科理论得到快速发展。尤其是在近年来,多元统计已经在经济、生物、医学、地质、农业、工程技术、气象、环境科学等学科领域得到广泛的应用。例如:1976 年,Philip 在研究波士顿大气污染物质来源时,首次将因子分析运用于环境科学领域(Philip,1976)。多元统计由于计算复杂,一般借助计算机进行运算来简化研究的工作量。因此,多元统计分析与计算机科学便紧密联系,彼此促进发展。例如,Sylvester 早在 1962 年就发表了运用计算机分析水质数据的文章(Sylvester et al.,1962)。

水环境系统是一个十分庞大复杂的系统,在对水环境进行质量评价的过程中,有众多的水质变量需要进行分析,由于各个指标之间具有一定的相关性,而且指标的获取是一个动态的过程,因此使用水质监测所得的数据进行水质评价是一个十分复杂的过程。指标众多、关系复杂,这都无疑会对研究水环境的污染特征、变化规律造成阻碍,也会增加分析问题的复杂程度。而多元统计分析相比于其他水质分析方法,其明显优势就在于对多维数据进行准确的科学的分析(王晓鹏,2001)。它通过对多维水质数据进行综合,挑选最好的综合结果,将隐藏于数据海洋中的重要信息准确提取,挖掘数据的内涵与规律,把水环境系统内部的各个影响因素结构化组合起来,直观地对水环境系统进行了描述。这为水环境管理的实施,政策法规的制定都提供了很好的依据。

多元统计分析最主要的方法有因子分析、主成分分析、聚类分析、判别分析、典型相关分析、多元方差分析、对应分析、多元回归分析等。其中主成分分析法和聚类分析法在现代水质评价中运用最为广泛。

1.2.3 方法比较

水质评价发展至今,已经有了近百年的历史,评价方法日新月异,发展迅速,已经有数十种之多。但每一种评价方法均有其优缺点,根据不同的实际情况,选用合适的评价方法,对于研究的效果有很大的差别(李斯婷,2013)。因此,需要对各种水质评价方法的优缺点有明确的了解,然后找到适合自己研究的方法。

在单因子评价法中,每个指标对环境的影响大小一致,权重为 100%,不能体现各个指标环境效应的差异性。水质综合指数法能用一个比较简单的数学公式,整合水质信息。它能用于不同时间或地区水环境质量的比较,而且这种比较是用一个由研究者选用固定的数据指标和评价方法,经过相同的数学运算得出的一个数学值,只要通过最终的数学值的比较,就能明确地反映环境质量的优劣,计算简便,形式简单。其缺点是各个指标在评价时作用和地位不一致,应该对每个指标给一个权重,但要使这个权重完全合理,却是十分困难(薛丽洋,2013;陈仁杰 等,2009)。模糊综合评价法体现了水环境系统中的模糊性和不确定性,符合水环境系统的客观事实,所以评价结果在一定程度上有一定的合理性。但在模糊综合评价中,其评判集一般都是采用线性加权平均,使得评判结果比较容易出现均化、失效、跳跃、失真等现象,存在判断不准确或者结果不可比的问题,而且其评价过程十分复杂,可操作性较差(叶猛 等,2014;尹海龙 等,2008a)。和模糊评价法一样,水环境系统所具有的不确定性在灰色系统理论评价法中也有较好的体现,灰色系统理论评价法的优点是结果简单、可比;缺点是存在分辨率低等问题。人工神经网络允许有大量供调节的参数,运算速度快,拥有自组织、自学习能力和超强的容错性能,但样本的协同性较差时,评价的结果容易出现均化。多元统计分析需要提供众多的数据样本,它是建立在已经监测得知的众多数据基础之上的,如果是少量数据、小样本,则不太适应多元统计分析(Petersen et al.,2001)。

1.3 水生态安全评价

1.3.1 指标体系

广泛开展生态安全研究已是全世界的共识(Matthew,2004;Margaret,2004;Bertell,2000),而生态安全评价是生态安全的核心问题。在国外,生态安全评价研究已是一个重要的基础性科学研究(海热提 等,2004),生态安全评价指标建立于生态系统风险和生态系统健康,生态安全评价方法主要是构建生态模型对生态安全进行评价(Matthew et al.,2002;Simon,2002)。在国内,生态安全评价指标的构建则是从研究对象的不同尺度和不同属性出发(何大明 等,2005;任兰增,2003;闵庆文,2002),生态安全评价方法应用较多的是基于 P-S-R 框架的数学模型对生态安全进行评价(汪朝辉 等,2008)。

水生态安全评价的核心是建立科学的指标体系与评价标准,科学合理的指标体系很大程度上决定了评价结果的真实可靠性。水生态安全评价指标指的是为衡量生态系统完整性和健康的整体水平,预期达到的指数、规格、标准,是一种衡量目标的方法,一般用数据表示。由于生态系统的复杂性,水生态安全和许多因素有关,故用一系列指标来衡量水生态安全状况。

目前国内外尚未有专门的水生态安全评价指标体系,1979 年最初由加拿大统计学家 David J. Rapport 和 Tony Friend 提出,后由经济合作与发展组织(Organization for Economic Co-operation and Development,OECD)和联合国环境规划署(United Nations Environment Programme,UNEP)在 20 世纪 80~90 年代共同发展起来的用于研究环境问题的框架体系 P-S-R(pressure-state-response)即压力-状态-响应模型,该模型在环境质量评价学科中生态系统健康评价子学科得到广泛应用。

在 P-S-R 框架基础上,为更好地表征非环境指标变量在生态系统健康评价中的作用,联合国可持续发展委员会(Commission on Sustainable Development,CSD)1996 年建立了驱动力-状态-响应(D-S-R)框架。该指标体系可操作性强,能用于可持续发展水平的监测并具有预警作用,可为决策者提供重要的决策依据和指导。

在 P-S-R 框架基础上,为反映社会经济指标,研究社会-生态复杂系统,欧洲环境署(European Environment Agency,EEA)1999 年添加了两类指标:驱动力(driving force)指标和影响(impact)指标,最后与压力(pressure)、状态(state)和响应(response)等指标一起形成了 DPSIR 模型。该模型具有系统性、灵活性、整体性、综合性等优点,因此在复杂环境系统的评价中被广泛使用。在应用 DPSIR 模型研究区域生态安全的过程中,评价指标有代表性,能反映环境质量状况,突出影响生态安全的关键指标。

DPSIR 模型从人类社会经济系统出发,以经济发展和人口规模等为驱动力,产生用水需求和废水排放等方面的压力。然后这个压力作用于陆地生态系统和水生生态系统,这些自然生态系统以自我的调节和恢复能力来抵抗压力,并且通过环境的特征和水质参数来表征其状态,针对自然生态系统的状态,人类会相应地采取社会、经济和技术方面的措施对环境进行改善;最后通过调控人类社会经济系统中的人口和经济发展的规模和结构实现对状态的调控,从而达到人类社会经济系统和自然生态系统的可持续发展,使得生态系统处于可承载的安全状态。

为客观评价深圳市水资源承载能力,陈洋波等(2004)基于 DPSIR 模型提出了选择评价指标的 7 项原则,即符合水资源可持续利用的原则、本地化原则、预警性原则、反映评价目的的原则、指标数量适度原则、适于量化原则和相对指标原则,并根据深圳市水资源情势及社会经济发展状况最终确定了深圳市水资源承载能力综合评价的 9 项评价指标,即人均 GDP、万元 GDP 综合耗水率、城镇居民人均月生活用水量、废污水排放率、水资源开发利用率、人均水资源可利用量、水质优良率、植被覆盖率和水资源综合管理效率;在水生态安全诊断的基础上,基于改进的 DPSIR 模型,纳入流域社会经济活动因素,提出包含 5 类指标的流域水生态安全指标体系,建立起包含人均 GDP 及其年增长率、水土流失面积比例、森林覆盖率等在内的 59 项指标的金沙江流域水生态安全指标体系(李玉照 等,2012),该指标体系涵盖水生态安全灾变的整体情况,揭示了流域潜在而完整的 D-P-S-I-R 因果链,从而为流域水生态安全灾变的分析提供了严密的研究思路;为了提出在多级开发影响下的环境变迁与水生态安全指标体系基本框架、原则及相关方法,在考虑环境变迁及水生态安全的各类影响因素的基础上,基于 DPSIR 模型建立了环境变迁及水生态安全评估指标体系,借此可以发挥指标体系的导向、衡量、协调、限制等作用,更好地促进和指导河流多级开发利用过程中的流域生态环境管理(姚远,2012);把 DPSIR 模型作为水生态安全评估框架的一部分,金相灿等基于湖泊水生态安全及其评估方法框架开发了"4+1"湖泊水生态安全评估方法框架(金相灿 等,2012)。该模型框架包括湖泊生态系统健康评估、流域社会经济活动对湖泊生态影响评估、湖泊生态服务功能评估以及在此基础上建立的湖泊水生态安全综合评估的 DPSIR 模型;采用"驱动力-压力-状态-影响-风险"模型,选取 14 项指标,构建洞庭湖水生态安全评价指标体系(钟振宇 等,2010)。

1.3.2 技术方法

为了定量反映生态系统的安全状态,利用各种方法、程序、规则、技巧去完成设定的技术目标就是一种水生态安全评价技术方法的研究。一个待评价的生态系统,虽然从定性上确定了其安全评价指标体系,但还不能说明该系统的优劣。为了定量说明评价体系中各指标对系统水生态安全状况的影响程度,需要对各项评价指标赋权重值。

目前国内外水生态安全评价研究的方法有数学模型法、生态模型法、数字生态模型法等,这些方法在水生态安全评价中具有可操作性、科学性和准确性。

1. 数学模型法

(1) 主成分分析法。该方法是依据不同变量的内在结构关系,利用降维的思想,把原始变量转化成少数几个包含大部分信息且互相独立的多元统计方法。它确定的权数信息量占全部信息量的比重比较客观,得到的变量之间彼此独立,具有客观性和可确定性的优点(Deng et al., 2007)。但正是由于降维过程使变量损失了部分信息,原始变量变得模糊,易出现与实际情况偏差的情况。

(2) 层次分析法。该方法属主观赋值法,是在20世纪70年代中期由美国运筹学家Saaty教授提出,该方法是通过对复杂问题内的相关元素及其关系进行分析,从而构建一个层次系统,利用较少的信息,数字化计算,从而简化复杂问题的决策过程(郭金玉等,2008)。该模型的优点是具有层次、思路清晰,对问题涉及的因素及其相互关系分析得较透彻,能有效地建立指标的权值分布。其缺点可能会由于人的主观因素而形成偏差。

(3) 熵权法。该方法属客观赋权法,由香农(Shannon)最先引入信息论,在信息论中,熵值反映了信息无序化程度,其值越小系统无序值越小,故可用信息熵评价系统信息的有效性。通过熵来确定权重,就是根据指标的差异程度来确定权重(陆添超 等,2009)。该方法能客观准确得到各指标的权重,但会忽略人们对个别指标的关注,使指标在整个评价系统中的重要性得不到体现。

(4) 综合指数法。该方法即综合评价技术,是将各项评价指标转化为相同度量的指数,通过得到的综合指数对评价区的水生态安全状况及特征进行分析(Wu et al., 2007)。该方法能够体现评价区的水生态安全整体状况。

(5) 模糊评价法。该方法是依据模糊数学的隶属度理论,对受到多种因素制约的对象或事物由定性评价转化为定量评价(Li et al., 2006),其优点是考虑了客观事物内部的错综复杂关系,但指标的模糊化及模糊隶属函数的确定会掺杂模糊信息,确定的指标权重也存在着过多的主观性(Wen, 2008)。

2. 生态模型法

在水生态安全评价中,生境适宜度指数模型(habitat suitability index, HSI)主要用来评价各种干扰因素对陆地和水生生态系统物种生境状况的影响的生态评价模型(Semenzin et al., 2008)。该模型主要用于评价大空间尺度上的水生态安全。

3. 数字生态模型法

运用全球定位系统(global positioning system, GPS)、地理信息系统(geographic information system, GIS)、遥感(remote sensing, RS)等构建具有数字技术的生态系统基础信息平台,再与水生态安全模型相结合,实现水生态安全评价功能。该模型广泛用于地理信息的搜集、存储和分析,具有定性与定量相结合的特征,是一种综合分析技术。

最常用的方法是借助DPSIR理念,采用层次分析法、熵权法、综合指数法等开发水生态安全度模型,从而确定水生态安全度等级。在此基础上,有人还建立了复合评价模型:FDA(模糊综合评价-层次分析-主成分分析)(谢花林 等,2004);多级模糊综合评价-灰色关联优势分析模型(阎伍玖,1999);层次分析-变权-模糊-灰色关联复合模型(左伟 等,2005)。

在基于 DPSIR 模型的水生态安全评价技术方法的研究中,需要考虑分析方法的数学原理。在邱宁的水环境安全模糊综合评价方法研究中,将所讨论水生态安全分为 n 个方案 m 个评价指标的初始矩阵,利用熵值法计算各指标的权重(邱宁,2013),其本质就是利用该指标信息来计算评价指标对水生态安全的效用值,效用值越高,其对水生态安全评价的重要性越大(余波 等,2010);从资源开发利用、水污染物排放、生态环境状况和环境质量状况等方面构建水环境安全评价指标体系,引入全排列多边形图示指标法构建评价模型,确定评价指标,建立各评价指标因素的权重集 w,建立模糊关系矩阵 R,建立每个指标的隶属函数,以此得到各指标的隶属度,将因子权重 w 与隶属度矩阵 R 相乘,得到模糊综合评价向量 B,最后根据评价结果对水环境安全状况进行分析(邱宁 等,2013)。

1.3.3 水生态安全指数预测

现在各研究领域的预测方法很多,最常见的主要有主观预测法、模拟预测法、灰色预测法等(张凯 等,2005),这些预测方法各有其特点和属性,其中灰色预测法因其构建不确定性系统而在各研究中广泛使用。

主观型预测方法是一种定性的预测方法,是各领域的专家、学者运用自身的专业知识背景,以逻辑判断为依据,对问题进行综合分析并找出规律进行预测的方法。该方法的最大优点是运用较少的数据资料而得到定量的判断结果。具体的主观型预测方法有专家预测法(Brodie et al.,1995)、德尔斐法(Landeta,2006)、主观概率法(徐国祥,2005)。

模拟预测方法是一种定量的预测方法,是基于一定的函数关系或数学模型达到预测的目的,最常用的模拟预测方法有:回归分析法、人工神经网络法、时间序列预测法,现分别介绍如下。

回归分析法是利用已经掌握的大量数据建立因变量与自变量之间的回归函数关系,通过自变量来预测响应变量,进而预测两者将来的发展趋势。该方法适用于长期预测(Wang et al.,2007)。

人工神经网络法是从信息处理角度建立类似于大脑神经突触连接结构的一种运算模型。它是由大量节点(或称神经元)互联组成的非线性信息处理系统,在模式识别、自动控制、组合优化、预测估计等领域具有良好的应用(赖红松 等,2004)。

时间序列预测法是在大量随机数据中分析出一定的函数关系,并据此函数关系来预测未来状况的方法。时间序列预测法的优点是需求资料少、方法简单。但预测结果受初始值的影响比较大,且预测结果受研究对象要素的影响(占纪文 等,2012)。

客观世界是物质的世界,也是信息的世界。信息是指元素、结构、关系、行为等方面的信息。系统是由相互独立且相互依赖的诸多信息所组成,具有特定的结构和功能的整体。系统这一概念应用广泛,可用于大到宏观世界、小到微观世界,具体对象甚至抽象对象也可以适用。一个系统既可以分解成不同质的子系统,也可以是另一个大系统的子系统。人们对系统进行研究,并实施控制,就形成了控制理论。控制论中常用颜色表示对系统内部信息的认知程度。"黑"表示信息未知或不确定,"白"表示信息已知或已确定,"灰"表示信息部分已知(明确)、部分未知(不明确)。"灰"与"白"是辩证的,同一个系统的同一个参数,在高层次中是"白"的,而在低层次中可能是"灰"的。在产生灰色系统理论之前黑系统、白系统和灰系统分别称为"白箱""黑箱"和"灰箱"。经过多年的研究,"灰箱"的概念拓展为灰色系统的概念。灰色系统实质是充分利用灰色系统内的白色信息,将白色信息进行处理或者分段建模,使白度逐渐增加、无序的数据变得有序,从而实现系统的定量分析。

在一个复杂的、多层次的大系统中,一般情况下总是既有大量的已知信息,也有不少的未知信息。若未知或非确定的信息称为黑色,已知信息称为白色,那么系统中的信息部分已知(明确),部分未知(不明确)称为灰色系统。对于一般系统(特别是社会系统)都具有灰色特性,处理这类系统的主要思想是充分利用白色信息,使灰度逐渐减少,使白度逐渐增加。研究数据规律时,不是依据统计规律,(数据量比较大)而是采取数据映射(生成)的方法。灰色系统基本思想的具体方法包括灰色预测、灰色分析、灰色控制等。灰色预测方法优点是预测需要的数据较少,通常只要4个数据以上就可以建模预测,并具有可检验性(Leephakpreeda,2008)。

灰色系统建模是通过对动态信息的开发、提取、加工,利用不少于4个数据建立微分方程模型。由于灰色系统是时间序列的离散函数,而微分方程只适合连续可导函数,为使灰色系统能建立微分方程,通过关联分析提取建模所需要的变量,从而实现对离散函数建立微分方程(Freitas et al.,2010)。已经得到普遍应用的灰色模型(grey model)是以 GM(1,1)为核心的预测模型(邓聚龙,2012)。GM(1,1)模型是具有连续性的微分模型,依据建立的微分模型可以对系统进行长期预测,预测系统的发展趋势及依据发展趋势所产生的系统安全问题,而其他像主观性预测和模拟型预测方法只能建立离散的递推模型,不能作长期预测。

第 2 章 三峡库区干流水质诊断方法

2.1 主成分分析法原理与运算

2.1.1 主成分分析法概述

主成分分析(principal component analysis,PCA)是一种把多个指标变量转变成少数几个综合指标的统计方法(张文霖,2006)。它能将高维空间的问题转化到低维空间去处理(Kemsley,1996)。对高维变量经过处理达到降维的效果是主成分分析的根本目的。在众多的水质指标之中,绝大多数的指标之间都有一定程度的相关性,经过主成分分析,将原来这些变量进行线性组合,形成几个新的综合变量,这几个新的综合变量之间彼此不相关,这就达到了将原始数据简化的目的。同时,它既能包括原始变量的最主要信息,也能集中典型地将水环境的特征表现出来,在水质评价中有极强的优越性(周广峰 等,2011)。

由于计算机技术的迅速发展,主成分分析法能借助于计算机,通过运行大型统计软件,比如 SPSS(statistical product and service solutions)、SAS(statistical analysis system)等,能准确迅速地将分析结果呈现出来,为研究提供了极大的便利。本书所用软件,即 SPSS 19.0,通过软件手段,为主成分分析法的实现提供了很大方便。

主成分分析法主要步骤如下(刘慧芬 等,2013;吉祝美 等,2012;鲍艳 等,2006)。

(1) 建立变量矩阵。设取得研究对象的 m 个样本,每个样本含有 n 个因子,由此建立变量矩阵

$$\boldsymbol{X} = \begin{bmatrix} X_{11} & X_{12} & \cdots & X_{1n} \\ X_{21} & X_{22} & \cdots & X_{2n} \\ \vdots & \vdots & & \vdots \\ X_{m1} & X_{m2} & \cdots & X_{mn} \end{bmatrix} \tag{2.1}$$

(2) 数据标准化。由于各个样本的各个因子之间存在数值的差异、量纲的不同,使得各个因子之间难以比较,并且在计算过程中产生的误差较大。因此,为了消除量纲差异,简化数据,在主成分分析之前需要对数据进行标准化处理(韩胜娟,2008)。一般标准化均采用 Z-Score 变换,其计算公式如下:

$$Z_{ij} = \frac{X_{ij} - \overline{X_j}}{S_j} \tag{2.2}$$

式中：$\overline{X_j} = \dfrac{1}{m}\sum\limits_{i=1}^{m} X_{ij}$；$S_j = \sqrt{\dfrac{1}{m-1}\sum\limits_{i=1}^{m}(X_{ij}-X_j)^2}$。

（3）计算特征根。数据标准化以后，计算数据的相关系数矩阵，并算出特征根。特征值常用雅可比法解特征方程计算得出，所得特征根 $\lambda_1 \geqslant \lambda_2 \geqslant \cdots \lambda_p \geqslant 0$。

$$|\lambda_i - \boldsymbol{X}| = 0 \tag{2.3}$$

（4）确定主成分个数。主成分个数的确立，一般由累积贡献率进行判断，一般主成分累积贡献率需达到 80%。

$$\dfrac{\sum\limits_{j=1}^{p}\lambda_j}{\sum\limits_{j=1}^{n}\lambda_j} \geqslant 80\% \tag{2.4}$$

（5）确定主成分 F_n 的表达式。

$$\begin{cases} F_1 = a_{11}Z_1 + a_{21}Z_2 + \cdots + a_{n1}Z_n \\ F_2 = a_{12}Z_1 + a_{22}Z_2 + \cdots + a_{n2}Z_n \\ \cdots\cdots \\ F_n = a_{1m}Z_1 + a_{2m}Z_2 + \cdots + a_{nm}Z_n \end{cases} \tag{2.5}$$

（6）确定综合评价函数。

$$F = \dfrac{\lambda_1}{\lambda_1+\lambda_2+\cdots\lambda_p}F_1 + \dfrac{\lambda_2}{\lambda_1+\lambda_2+\cdots\lambda_p}F_2 + \cdots + \dfrac{\lambda_p}{\lambda_1+\lambda_2+\cdots\lambda_p}F_p \tag{2.6}$$

在运用主成分分析法将各个指标数据信息进行提取时，需要对主成分个数进行选取，需要遵从以下几点。

（1）确定特征根。一个主成分的特征根的值越大，就说明该主成分越重要，也就是说此主成分对研究样本的影响作用越大。在实际的运用中，通常将特征根大于 1 作为主成分的选择依据。

（2）选择累积贡献率。几个主成分累积起来，会有一个累积贡献率。它的意义是衡量分析过程中原始信息保留部分多少。累积贡献率值越小，就表明分析过程中损失的信息量越大。反之贡献率值越大，则代表损失的信息量越小，原始信息很大程度上得到了保留。一般情况下，当累计贡献率达到 80% 以上，就表明分析结果比较精确。

在实际的分析中，当只将特征根大于 1 作为主成分选择的依据时，主成分个数会比较少，不能完整表达原始信息；当只用累计贡献率大于 80% 来确定主成分个数时，主成分个数又会偏多，不能很好地起到简化分析的效果。因此，在最终确定主成分时，要综合考虑累积贡献率和特征根。

2.1.2　主成分分析法在水质评价中的应用

主成分分析最先是英国的 Pearson 对非随机变量引入的。1933 年，美国的统计学家 Hotelling 将主成分分析推广到随机向量的情形。1967 年，Harman 的《现代因子分析》一书问世，随后，主成分分析法在水质评价领域得到了广泛的运用，方法逐渐成熟。1999

年,Perona 运用主成分分析法,以西班牙的阿尔韦奇(Alberche)河两年时间的水质监测数据为基础,对阿尔韦奇河水质时空变化特征进行了分析(Perona, et al.,1999)。Reghunath 通过对印度 Nethravathi 地区 56 个地下水样品的水质数据进行因子分析和聚类分析,结果表明,地下水的导电性能主要由 Na、Cl 以及 HCO_3 提供(Reghunatn et al.,2002)。Yisa 采取主成分分析法评价了尼日利亚 Challawa 工业园制革废水的水环境质量(Yisa et al.,2009)。Thareja 用主成分分析法进行了恒河在北印度的工业中心坎普尔地区的水质评价(Thareja et al.,2011)。Haag 用主成分分析法分析了德国内卡河多个水质指标在时间序列上的变化规律(Haag et al.,2002)。Deb 用主成分分析法分析评价了煤矿附近的水质质量(Deb et al.,2008)。Parinet 通过实例分析,证明主成分分析法可以作为热带湖泊水质评价的有效方法(Parinet et al.,2004)。

除此之外,Bengraïne、Bhardwaj、Jianqin、Olsen、Praus 等众多水质评价领域的研究者都在其研究中运用到了主成分分析法,并取得很好的评价效果(Olsen et al.,2012; Bhardwaj et al.,2010; Jianqin et al.,2010; Praus,2006; Bengraïne,2003)。

鉴于主成分分析法在水质评价领域中的优越性,我国众多专家学者在其水质评价工作中采用了主成分分析法,使得主成分分析法在我国水质评价领域得到了广泛的运用。谢剑采用了主成分分析法对北京南部大气污染和沈阳地区的地表水环境质量进行了评价,反映出所评价地区的环境质量差异。李小彬等通过主成分分析法和模糊数学综合评判法的联合应用,对珠海市近岸海水水质进行了研究(李小彬,1987)。李柞泳用主成分分析法,建立一个判断湖泊富营养化程度的水质综合指标,通过比较该综合指标大小,能够对湖泊富营养化程度大小进行判断(李柞泳,1990)。张丽艳采用主成分分析法对秦皇岛海滨浴场进行了水质综合评价,得出主成分分析法在水质评价的运用中客观性强,而且能判断研究区域的主要污染特征(张丽艳,1994)。张祥伟等通过分析我国江河水质数据特性及统计分布问题,阐述了一般常用的判断河流各污染组分对水质影响作用大小的方法所存在的局限性,提出了利用主成分分析法对河流的污染组分进行识别(张祥伟 等,1994)。蔡启铭等在对太湖梅梁湾和局部西太湖水域水质的动态变化研究中,以主成分分析法为研究手段,揭示了影响湖泊水质的各个因子之间的相互关系(蔡启铭 等,1995)。姜萍等在研究三峡库区科技移民示范区梅子垭及其毗邻地区若干重要水体时,对 pH 值、TN、TP 等指标进行了主成分分析,结果表明,第一主成分磷的贡献最大;第二主成分中氮的贡献最大(姜萍 等,2000)。王俊等采用主成分分析法分析了吉林省湖、库富营养化特征(王俊 等,1996)。严登华等采用主成分分析的方法,探讨了东辽河水质演变过程中的特征(严登华 等,2002)。李经伟等采用改进了的主成分分析法,将其应用于白洋淀的水质综合分析中,分析结果表明,在白洋淀各个监测断面富营养化现象普遍存在,其中,氨氮、TP 是最重要的两个污染指标(李经伟 等,2007)。刘小楠等以汾河流域内 8 个代表性监测断面为基础,采用主成分分析法对汾河流域水环境质量进行综合评价(刘小楠 等,2009)。万金保等以乐安河 7 个监测断面的 7 个水质指标进行了主成分分析,分析得出 2 个主成分,并与实际相符(万金保 等,2009)。李俊等在对长春市石头口门水库汇水区进行水质综合评价时,也应用了主成分分析法(李俊 等,2009)。Dong 运用主成分分析法对中国南海三亚湾水质进行时间和空间两方面的分析(Dong et al.,2010)。李小妹等在综合评价宁夏苦水河、清水河流域苦咸水水质时,运用主成分分析法分析得出,矿化度和硬度是影响苦咸水水质最关键的因子(李小妹 等,2014)。除以上综述之外,还有众多的研究者对主成分分析法在水质评价中的应用进行了研究与实践(邢静 等,2013;白金生 等,2012;陈海鹰,2011;李俊 等,2009;王宁 等,2001),并针对不同的实际情况,对主成分分析法进行了改进,这些都为主成分分析法的发展起到了很大的推动作用(刘臣辉 等,2011;张蕾,2010;Sarbu et al.,2005;张鹏,2004)。

经过多年的研究发展,主成分分析法在水质评价中的运用已经颇为广泛,这与其在评价过程中操作简便、结果可靠、用途明显等特点是分不开的。通过分析主成分,可以得到水体的污染程度,主要污染物的来源及时空分布、变化规律等;可以定量和定性地了解河流的水质变化,并从时间和空间两个角度得到河流的污染变化规律。在主成分分析的过程中,能够自动生成主成分的权重,这很大程度上减少了人为因素对评价的干扰。因此,主成分分析法能客观地将环境系统内部的信息挖掘出来。由于水环境系统十分复杂,影响其水质变化的原因有很多,从这些影响因子中,挑选出其中最为关键的部分,对加快认清系统内部各个影响因子之间关系和环境系统内部结构是有重要意义的。主成分分析法就是一种寻找水环境质量影响关键因子的重要手段,通过主成分分析,能为河流或者湖库的污染治理,找到优先控制的断面及水质指标,并且参照主成分分析的评价结果,能更科学地提出管理办法和治理措施。

鉴于主成分分析法在水质评价中的突出优势,结合所面对的实际情况,本书将以三峡库区水域各个监测断面为研究对象,重点运用主成分分析法,从时间和空间等多个角度来分析三峡库区水域各个监测断面的污染特征。通过分析过程中的各个主成分,找出对影响三峡库区水环境质量的水质关键因子;通过综合评价函数对库区的各个断面污染程度进行排名,明晰库区内部不同水域的污染状况;考虑三峡库区不同时间水位差别较大这一特点,分析不同水位条件下库区各断面的污染特征并判断主要污染源,同时对断面污染程度大小进行比较。

2.1.3 175 m 蓄水位运行后干流水质时空特征

1. 监测断面与监测指标选取

为能够有代表性地反映三峡库区水质污染变化情况,依次选定重庆至宜昌段的寸滩、长寿、清溪场、万州、奉节、官渡口、巴东、庙河这 8 个断面(图 2.1),表 2.1 为各监测断面概况。在指标的选择上,首要选择分析的是可以呈现出当前水体污染状况的指标,并在众多的指标中有较高的污染负荷和完备的数据。根据以上前提选定了 9 个指标,分别为高锰酸盐指数(X_1)、五日生化需氧量(X_2)、硫酸盐(X_3)、氨氮(X_4)、硝酸盐氮(X_5)、总氮(TN)(X_6)、总磷(TP)(X_7)、粪大肠菌群(X_8)、溶解氧(X_9)。

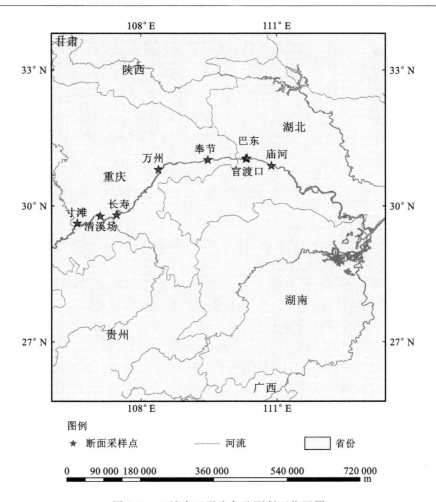

图 2.1 三峡库区干流各监测断面位置图

表 2.1　三峡库区干流各监测断面概况表

断面名称	地理位置	监测河段	主要污染源	是否为饮用水源地
寸滩	重庆市江北区寸滩镇	长江和嘉陵江汇合处下游约 7.5 m 处	左岸上游有集装箱码头,下游约 500 m 处有西南制药排污废水	是
长寿	重庆市长寿区瓦罐窑	距长江和嘉陵江汇合处约 60 km	附近有瓦罐窑乡的生活污水直接排入江中	否
清溪场	重庆市涪陵区清溪场	上游约 13 km 有乌江从右岸汇入,下游约 300 m 处有清溪沟汇入	河段上游有新闻纸厂和涪陵区生活用水排入	否
万州	重庆市万州区沱口镇	位于沱口与明镜滩之间	上游右岸有江东厂、江陵厂、沱口发电厂、建华机械厂产生的废水排入江中	否
奉节	重庆市奉节县十里铺	奉节断面	无主要污染源	否

续表

断面名称	地理位置	监测河段	主要污染源	是否为饮用水源地
官渡口	湖北省巴东县渡口镇	官渡口断面	断面下左岸为官渡口镇居民生活区，无工业污染源	否
巴东	湖北省巴东县信陵镇阮家滩	巴东断面	主要污染源为化肥、造纸、食品、水泥等工业废水及城镇居民生活污水	否
庙河	湖北省秭归县兰陵村	庙河断面	下游附近为三峡工程施工区	否

2. 水质参数数理统计

依据库区干流寸滩、长寿、清溪场、万州、奉节、官渡口、巴东、庙河 8 个断面 2012 年水质指标含量值，对各项水质参数统计如下。

在长江干流监测断面上，高锰酸盐指数在各个监测断面监测出现的最小值为 1.4 mg/L，最大值出现在 2012 年 7 月 10 日长寿断面，达到了 7.9 mg/L，干流各断面平均为 2.4 mg/L。五日生化需氧量最小值为 0.6 mg/L，8 个断面中有 5 个断面最大值都达到了 1.1 mg/L，各断面平均值为 0.9 mg/L。硫酸盐最小值 23.96 mg/L，最大值出现在 2 月 8 日长寿断面，达到了 89.75 mg/L，各断面平均为 46.56 mg/L。溶解氧最小值出现在庙河断面，为 5.8 mg/L，最大值为 10.4 mg/L，出现在 2012 年 12 月 10 日清溪场断面。氨氮最小值为 0.025 mg/L，最大值为 0.264 mg/L，出现在 2012 年 7 月 11 日万州断面，各断面平均值为 0.092 mg/L。硝酸盐氮最小值 1.14 mg/L，最大值 2.38 mg/L，出现在 2012 年 2 月 8 日长寿断面，各断面平均值为 1.67 mg/L。TN 最小值为 1.28 mg/L，最大值出现在 2012 年 6 月 12 日清溪场断面，达到了 2.52 mg/L，各断面平均值为 1.89 mg/L。TP 最小值为 0.07 mg/L，最大值出现在 2012 年 9 月 4 日清溪场断面，达到了 0.46 mg/L，各断面平均值为 0.16 mg/L。图 2.2～图 2.10 为 2012 年库区干流断面不同水质指标数理统计变化图。

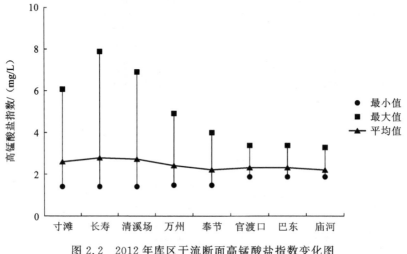

图 2.2 2012 年库区干流断面高锰酸盐指数变化图

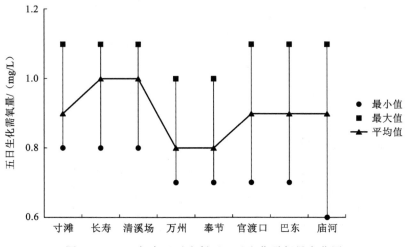

图 2.3　2012 年库区干流断面五日生化需氧量变化图

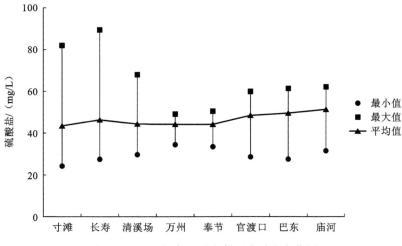

图 2.4　2012 年库区干流断面硫酸盐变化图

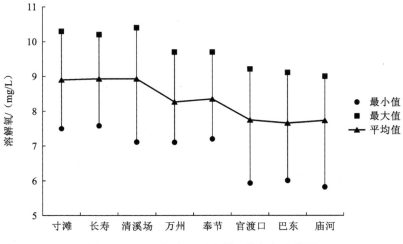

图 2.5　2012 年库区干流断面溶解氧变化图

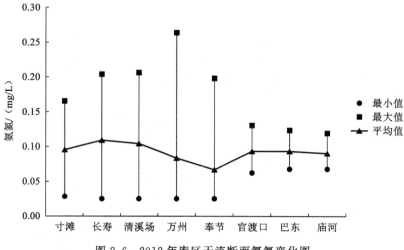

图 2.6　2012 年库区干流断面氨氮变化图

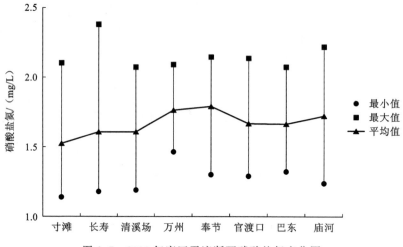

图 2.7　2012 年库区干流断面硝酸盐氮变化图

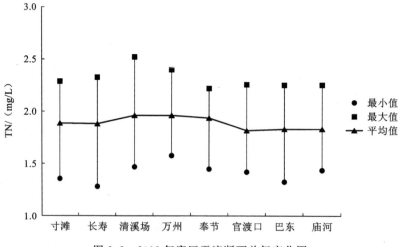

图 2.8　2012 年库区干流断面总氮变化图

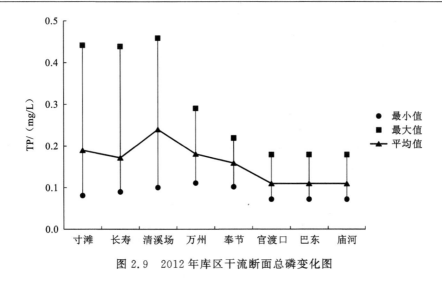

图 2.9 2012 年库区干流断面总磷变化图

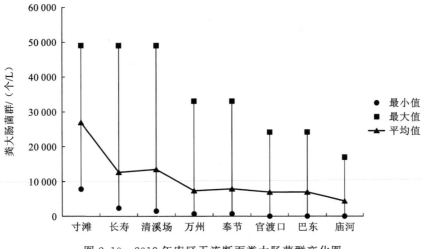

图 2.10 2012 年库区干流断面粪大肠菌群变化图

3. 2012 年三峡库区干流断面水质指标主成分分析

为了消除各个指标量纲不同的影响,需对原始数据标准化,标准化后各行标准差为 1,平均值为 0。标准化后结果如表 2.2 所示(由于溶解氧为逆指标,即其数值越大,表征其水质越好,故对其取倒数后再进行标准化)。

表 2.2 2012 年三峡库区重要断面水质指标的标准化

断面名称	$X1$	$X2$	$X3$	$X4$	$X5$	$X6$	$X7$	$X8$	$X9$
寸滩	0.858	0.780	−0.902	0.234	−1.259	−0.048	0.681	2.242	0.858
长寿	1.478	0.993	−0.088	1.279	−0.926	−0.107	0.331	0.253	1.478
清溪场	1.033	1.394	−0.756	0.950	−0.917	1.190	1.667	0.368	1.033
万州	0.045	−1.275	−0.873	−0.605	1.077	1.237	0.453	−0.496	0.045

续表

断面名称	X1	X2	X3	X4	X5	X6	X7	X8	X9
奉节	−1.044	−1.300	−0.782	−1.997	1.451	0.852	0.078	−0.422	−1.044
官渡口	−0.657	−0.160	0.716	0.079	−0.012	−1.230	−1.071	−0.506	−0.657
巴东	−0.750	−0.335	1.103	0.180	−0.082	−0.993	−1.077	−0.547	−0.750
庙河	−0.963	−0.097	1.582	−0.119	0.666	−0.903	−1.063	−0.891	−0.963

根据标准化数据，利用 SPSS 运行得出各个水质指标之间的相关矩阵，如表 2.3 所示。

表 2.3　2012 年三峡库区各断面水质指标相关矩阵

相关系数	X1	X2	X3	X4	X5	X6	X7	X8	X9
X1	1.000	0.761	−0.533	0.722	−0.776	0.374	0.753	0.671	−0.885
X2	0.761	1.000	−0.051	0.869	−0.925	−0.079	0.448	0.578	−0.580
X3	−0.533	−0.051	1.000	0.159	0.113	−0.857	−0.857	−0.562	0.794
X4	0.722	0.869	0.159	1.000	−0.856	−0.234	0.226	0.330	−0.358
X5	−0.776	−0.925	0.113	−0.856	1.000	0.162	−0.385	−0.726	0.567
X6	0.374	−0.079	−0.857	−0.234	0.162	1.000	0.841	0.186	−0.642
X7	0.753	0.448	−0.857	0.226	−0.385	0.841	1.000	0.578	−0.909
X8	0.671	0.578	−0.562	0.330	−0.726	0.186	0.578	1.000	−0.742
X9	−0.885	−0.580	0.794	−0.358	0.567	−0.642	−0.909	−0.742	1.000

对相关系数矩阵进行运算，可得到特征值，从而对主成分进行确定，并得到主成分贡献率的大小，如表 2.4 所示。

表 2.4　2012 年三峡库区各断面水质指标特征值和主成分贡献率及累积贡献率

成分	初始特征值			提取平方和载入			旋转平方和载入		
	合计	方差/%	累积/%	合计	方差/%	累积/%	合计	方差/%	累积/%
1	5.38	59.77	59.77	5.38	59.77	59.77	4.15	46.12	46.12
2	2.70	30.05	89.82	2.70	30.05	89.82	3.93	43.71	89.83
3	0.62	6.90	96.72						
4	0.17	1.85	98.57						
5	0.08	0.90	99.47						
6	0.04	0.43	99.89						
7	0.01	0.11	100.00						
8	1.46×10^{-16}	1.62×10^{-15}	100.00						
9	-1.46×10^{-16}	-1.62×10^{-15}	100.00						

经过分析,第一主成分的特征值为 5.38,第二主成分的特征值为 2.70,均大于 1,符合主成分挑选条件,而第三主成分的特征值为 0.62,小于 1,已经不满足要求,因此确定了主成分个数为 2。这 2 个主成分已经包含了 9 个指标的全部信息,且这两者的累积贡献率已达 89.82%,其对水质变化的影响最大。因此,选择第一和第二主成分作为 2012 年三峡库区最主要的水质指标。

为确定各主成分综合函数的表达式,须知各主成分在单因子上的载荷。表 2.5 为 2012 年三峡库区各断面水质指标旋转成分矩阵表,可以得出,第一主成分 $F1$ 在五日生化需氧量、氨氮、高锰酸盐指数上有较大载荷,其载荷值分别为 0.954、0.927、0.781,第二主成分主要在总氮和总磷上有较大载荷,属于营养性物质。

表 2.5 2012 年三峡库区各断面水质指标旋转成份矩阵

因子	成份 1	成份 2
硝酸盐氮	−0.977	−0.086
五日生化需氧量	0.954	0.093
氨氮	0.927	−0.131
高锰酸盐指数	0.781	0.555
粪大肠菌类	0.621	0.505
硫酸盐	0.002	−0.974
总氮	−0.213	0.931
总磷	0.329	0.916
溶解氧	−0.524	−0.827

用初始因子矩阵除以各主成分对应特征值的平方根即可得特征向量,然后与标准化后数据相乘便可得出主成分的表达式,根据主成分表达式式,也可得出综合评价函数的表达式。

$$F1=0.41X1+0.33X2-0.28X3+0.26X4-0.33X5+0.20X6+0.37X7+0.34X8-0.41X9 \tag{2.7}$$

$$F2=0.07X1+0.35X2+0.44X3+0.44X4-0.36X5-0.50X6-0.27X7+0.03X8+0.15X9 \tag{2.8}$$

综合函数表达式为

$$F=\frac{\lambda_1}{\lambda_1+\lambda_2}F1+\frac{\lambda_2}{\lambda_1+\lambda_2}F2=0.67F1+0.33F2 \tag{2.9}$$

由各个断面主成分(表 2.6)F 总得分排名可知:在 8 个断面中,清溪场断面污染最为严重;奉节断面相对其他断面来说水质较好。在奉节断面及其上游,各断面主成分得分均为 $F1>F2$,这说明在三峡库区奉节断面及其上游各断面,$F1$ 所代表的以五日生化需氧量、氨氮、高锰酸盐指数为主的污染物,其对河流的污染大于 $F2$ 所代表的 TN 和 TP,有机物污染较为严重。在奉节断面以下至库首庙河断面,$F2>F1$,说明 $F2$ 代表的总氮和总磷对水体污染的作用大于 $F1$ 所代表的有机污染物,表现为富营养化较突出。

表 2.6 2012 年三峡库区各断面水质主成分得分及排名

断面名称	F1	F2	F	排名
寸滩	2.785	0.237	1.944	2
长寿	2.227	1.118	1.861	3
清溪场	3.068	−0.221	1.982	1
万州	−0.424	−2.236	−1.022	6
奉节	−1.581	−2.734	−1.961	8
官渡口	−1.755	1.303	−0.746	4
巴东	−1.879	1.357	−0.811	5
庙河	−2.440	1.176	−1.247	7

4. 清溪场断面 2008～2012 年水质变化情况

通过对 2012 年三峡库区水质主成分分析可知,在 8 个监测断面中,清溪场断面污染较严重。为了更加了解该断面在近年来水质变化的趋势,故依据清溪场断面 2008～2012 年五年水质监测数据进行主成分分析。先对清溪场断面 2008～2012 年五年数据进行标准化(表 2.7),然后确定主成分,最后得出综合评价函数。

表 2.7 三峡库区清溪场断面 2008～2012 年水质指标的标准化

年份	X1	X2	X3	X4	X5	X6	X7	X8	X9
2008	0.858	0.780	−0.902	0.234	−1.259	−0.048	0.681	2.242	0.858
2009	1.478	0.993	−0.088	1.279	−0.926	−0.107	0.331	0.253	1.478
2010	1.033	1.394	−0.756	0.950	−0.917	1.190	1.667	0.368	1.033
2011	0.045	−1.275	−0.873	−0.605	1.077	1.237	0.453	−0.496	0.045
2012	−1.044	−1.300	−0.782	−1.997	1.451	0.852	0.078	−0.422	−1.044

经分析计算,得出 3 个主成分,3 个主成分特征值占总方差的百分比达到了 97.104%,并且包含了全部的 9 个指标(表 2.8)。因此,选这 3 个主成分作为清溪场断面水质的综合评价指标。可以看到,在第一主成分上,硝酸盐氮、TP、五日生化需氧量、TN 贡献率最大,在第二主成分主要由高锰酸盐指数和粪大肠菌群贡献较大,第三主成分主要由氨氮贡献。综合 3 个主成分分析可知,2008～2012 年来,对清溪场断面水质影响最大的是营养性物质和有机污染物。

表 2.8 三峡库区清溪场断面 2008～2012 年水质指标特征值和主成分贡献率

成分	初始特征值			提取平方和载入			旋转平方和载入		
	合计	方差/%	累积/%	合计	方差/%	累积/%	合计	方差/%	累积/%
1	5.343	59.371	59.371	5.343	59.371	59.371	3.944	43.827	43.827
2	2.198	24.426	83.797	2.198	24.426	83.797	2.730	30.332	74.159
3	1.198	13.307	97.104	1.198	13.307	97.104	2.065	22.945	97.104
4	0.261	2.896	100.000						

成分	初始特征值			提取平方和载入			旋转平方和载入		
	合计	方差/%	累积/%	合计	方差/%	累积/%	合计	方差/%	累积/%
5	2.406×10^{-16}	2.674×10^{-15}	100.000						
6	3.274×10^{-17}	3.637×10^{-16}	100.000						
7	-3.097×10^{-18}	-3.441×10^{-17}	100.000						
8	-1.570×10^{-16}	-1.744×10^{-15}	100.000						
9	-3.666×10^{-16}	-4.073×10^{-15}	100.000						

由此得出综合评价函数表达式

$$F1=-0.170X1+0.422X2+0.284X3-0.298X4+0.343X5 \\ +0.403X6+0.400X7-0.181X8-0.298X9 \tag{2.10}$$

$$F2=0.546X1-0.007X2-0.504X3-0.244X4+0.259X5 \\ +0.227X6+0.177X7+0.488X8-0.007X9 \tag{2.11}$$

$$F3=-0.376X1+0.159X2+0.020X3+0.573X4+0.406X5 \\ -0.114X6+0.249X7+0.481X8+0.183X9 \tag{2.12}$$

$$F=0.611F1+0.252F2+0.137F3 \tag{2.13}$$

由表2.9、表2.10可知,在2008~2012年,随着时间变化,硝酸盐氮、TP、五日生化需氧量、TN的污染有加剧趋势。在2008~2012年,由高锰酸盐指数和粪大肠菌群贡献较大的第二主成分F2变化不大,说明高锰酸盐指数和粪大肠菌群的污染程度没有恶化。由氨氮贡献较大的F3有一定程度的降低,表明在2008~2012年,氨氮的污染有一定程度降低。综合分析可知,在2008~2012年,清溪场断面污染状况,并非所有污染物的浓度都在加大,但总体上污染处于恶化趋势。这个与实际情况是相符的,因为本书所采用数据,均为有关年份的平均值,通过对比原始数据发现,随着时间推移,清溪场断面较多的指标,尤其是在主成分中贡献率较大的指标(营养性指标),一般都呈现增长趋势。这说明该断面水质可能处于恶化的趋势。

表2.9 三峡库区清溪场断面2008~2012年水质指标旋转成份矩阵

因子	主成分		
	1	2	3
硝酸盐氮	0.985	0.026	-0.045
TP	0.962	-0.140	-0.229
五日生化需氧量	0.857	-0.410	-0.282
TN	0.800	-0.077	-0.593
溶解氧	-0.619	0.360	0.577
硫酸盐	0.265	-0.951	-0.121
高锰酸盐指数	-0.224	0.898	-0.349
粪大肠菌类	0.183	0.833	0.499
氨氮	-0.370	-0.046	0.928

表 2.10　三峡库区清溪场断面 2008~2012 年水质主成分得分及排名

年份	F1	F2	F3	F	得分排名
2008	−1.987	0.220	1.787	−0.914	5
2009	−1.013	−0.319	−0.927	−0.826	4
2010	−1.451	0.637	0.755	−0.623	3
2011	1.017	−0.088	−0.237	0.567	2
2012	3.434	−0.449	−1.378	1.796	1

5. 2008~2012 年奉节断面水质评价

经 2012 年三峡库区干流断面主成分分析结果可知,奉节断面较其他断面水质较好。为更好地对该断面水质变化特征进行了解,故以时间为梯度,分析奉节断面 2008~2012 年五年水质监测数据,得出该断面水质随时间序列的变化趋势。

综合分析表 2.11 可知,第一主成分 $F1$ 所对应的特征值为 6.226,其主成分贡献率可达 47.610%,第二主成分 $F2$ 所对应的特征值为 1.319,贡献率为 36.227%。主成分 $F1$ 和主成分 $F2$ 二者的累积贡献率达到 83.837%,满足一般主成分的挑选需求。第三主成分对应的特征值为 0.775,小于 1,不满足需要。所以,将 2008~2012 年水质数据提取出 2 个主成分。

表 2.11　2008~2012 年奉节水质指标特征值和主成分贡献率及累积贡献率

成份	初始特征值			提取平方和载入			旋转平方和载入		
	合计	方差/%	累积/%	合计	方差/%	累积/%	合计	方差/%	累积/%
1	6.226	69.183	69.183	6.226	69.183	69.183	4.285	47.610	47.610
2	1.319	14.655	83.837	1.319	14.655	83.837	3.260	36.227	83.837
3	0.775	8.614	92.452						
4	0.679	7.548	100.000						
5	1.33×10^{-16}	1.48×10^{-15}	100.000						
6	6.95×10^{-17}	7.72×10^{-16}	100.000						
7	-1.84×10^{-17}	-2.04×10^{-16}	100.000						
8	-1.19×10^{-16}	-1.32×10^{-15}	100.000						
9	-2.57×10^{-16}	-2.85×10^{-15}	100.000						

在旋转成分矩阵中,可以得出每个指标在第一主成分 $F1$ 和第二主成分 $F2$ 的载荷值,数值越大,就表明在该主成分中,该指标的污染贡献越大。由表 2.12 可知,第一主成分 $F1$ 主要由硫酸盐、TP、TN 及硝酸盐氮贡献,其载荷值分别为 0.964、0.933、0.903、0.783。在第二主成分 $F2$ 中,五日生化需氧量、氨氮、粪大肠菌群这 3 个指标的贡献率较大。

表 2.12　三峡库区奉节断面 2008～2012 年水质指标旋转成份矩阵

因子	成分	
	1	2
硫酸盐	0.964	−0.141
TP	0.933	−0.177
TN	0.903	−0.337
硝酸盐氮	0.783	−0.568
溶解氧	−0.705	0.635
高锰酸盐指数	0.546	−0.353
五日生化需氧量	−0.354	0.911
氨氮	−0.359	0.878
粪大肠菌群	−0.090	0.803

主成分的表达式 $F1$、$F2$ 及综合评价函数表达式 F 计算方法与前述相同,不再赘述。

$$F1=0.256X1-0.340X2+0.336X3-0.333X4+0.387X5$$
$$+0.366X6+0.335X7-0.230X8-0.380X9 \quad (2.14)$$
$$F2=0.060X1+0.423X2+0.433X3+0.398X4+0.044X5$$
$$+0.267X6+0.391X7+0.494X8+0.044X9 \quad (2.15)$$
$$F=0.825F1+0.175F2 \quad (2.16)$$

将经过标准化的各水质指标值代入主成分表达式和综合评价函数表达式中,可得奉节 2008～2012 年各年份的主成分得分值和综合评价函数得分,依据此得分对 2008～2012 年水质好坏进行排名(表 2.13)。

表 2.13　2008～2012 年奉节断面主成分得分表

年份	$F1$	$F2$	F	排名
2008	−3.577	1.046	−2.769	5
2009	−0.515	−1.426	−0.674	3
2010	−0.226	0.028	−0.181	4
2011	1.058	−0.846	0.725	2
2012	3.260	1.198	2.900	1

由综合评价函数排名可知,奉节断面在 2008～2012 年,整体水质质量在波动中有下降,整体上呈现变差的趋势。

从各个年份主成分值变化可以看出,在 2008 年,主要由五日生化需氧量、氨氮、粪大肠菌群贡献的第二主成分 $F2$,比主要由硫酸盐、TP、TN 及硝酸盐氮贡献的第一主成分 $F1$ 大。但随后在 2009～2012 年,除 2010 年第二主成分 $F2$ 较第一主成分 $F1$ 稍大外,整体上 $F1$ 值均大于 $F2$ 值,而 $F1$ 载荷值较大的指标大多为水体富营养化指标。因此,奉节断面的污染特征,和三峡库区整体的变化特征一致,均呈现出水体富营养化趋势。

6. 结论

通过上述分析,得出综合评价是:①2012年三峡库区干流断面第一和第二主成分体现为好氧性有机污染物和营养性物质污染程度,其中清溪场断面污染最为严重,奉节断面相对其他断面来说水质较好;②污染最为严重的清溪场断面2008～2012年五年水质在2012年最差,2008年最好,总体上随着时间迁移呈现恶化趋势。该研究成果可以为三峡库区各监测断面所在地区实施库区水质污染控制提供参考,帮助其明确主要控制目标,也为三峡库区整体污染防治提供基础性的参考。

2.1.4 不同水位条件下主成分分析法分析水质空间变化

1. 监测时间、区域与监测指标

三峡水库的运行水位如图2.11所示。本书选取2012年蓄水前期的2月1日～6月10日,汛期中的6～8月,蓄水期的9月10日～10月底及高水位运行期的11月～次年1月三峡库区长江干流的部分断面的水质监测数据。由于三峡库区长江干流长660 km,要对所有断面进行监测存在难度,为有代表性地反映三峡库区水质污染变化情况,监测断面依次为重庆至宜昌段的寸滩、长寿、清溪场、万州、奉节、官渡口、巴东、庙河8个断面,基本覆盖了三峡库区干流。

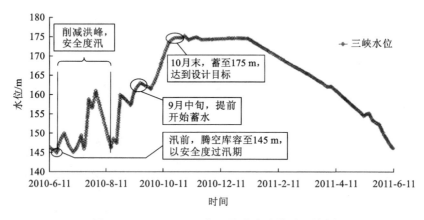

图2.11 2010～2011年三峡水库水位过程线图

在指标的选择上,结合实际情况,首要选择分析的是可以呈现出当前水体污染状况的指标,并在众多的指标中有较高的污染负荷和完备的数据。根据以上前提选定了9个指标,分别为高锰酸盐指数($X1$)、五日生化需氧量($X2$)、硫酸盐($X3$)、氨氮($X4$)、硝酸盐氮($X5$)、TN($X6$)、TP($X7$)、粪大肠菌群($X8$)、溶解氧($X9$)。

2. 结果与分析

根据主成分分析法的原理,运用SPSS统计软件对三峡库区8个断面2012年的水质监测资料进行处理,得到各主成分($F1$、$F2$、$F3$)及其贡献率,然后计算出各监测点的主成分值。由表2.14可见:在蓄水前期中,经过主成分分析,共提取了2个主成分,2个主成分所对应的特征值分别为3.862、3.485。第三主成分特征值为0.980,不符合特征值>1

的主成分挑选条件。前 2 个主成分累积所得贡献率达 81.633%，满足大于 80% 的主成分提取条件。

表 2.14 2012 年水位调节期水质指标特征值和主成分贡献率

成分	初始特征值			提取平方和载入			旋转平方和载入		
	合计	方差/%	累积/%	合计	方差/%	累积/%	合计	方差/%	累积/%
1	3.862	42.915	42.915	3.862	42.915	42.915	3.736	41.516	41.516
2	3.485	38.718	81.633	3.485	38.718	81.633	3.611	40.117	81.633
3	0.980	10.893	92.525						
4	0.569	6.317	98.842						
5	0.066	0.730	99.572						
6	0.028	0.315	99.887						
7	0.010	0.113	100.000						
8	-2.787×10^{-17}	-3.097×10^{-16}	100.000						
9	-4.111×10^{-16}	-4.568×10^{-15}	100.000						

分析 2012 年 3~5 月库区干流数值指标旋转成分矩阵（表 2.15）。在第一主成分 $F1$ 中，五日生化需氧量、氨氮、硫酸盐载荷值最大（本书以绝对值大于 0.7 判定载荷较高），分别为 0.962、0.913、0.863；在第二主成分 $F2$ 中，高锰酸盐指数和溶解氧的载荷值较高，分别为 0.932、0.827，故此推断第二主成分反映水体受有机物污染的程度。

表 2.15 2012 年水位调节期库区干流水质指标旋转成分矩阵

因子	成分	
	1	2
五日生化需氧量	0.962	0.129
氨氮	0.913	-0.335
硫酸盐	0.863	0.410
硝酸盐氮	-0.793	0.050
粪大肠菌群	0.480	-0.125
TP	-0.019	-0.957
高锰酸盐指数	-0.165	0.932
TN	-0.322	-0.910
溶解氧	-0.493	0.827

$$F1 = -0.342X1 + 0.362X2 + 0.238X3 + 0.478X4 - 0.344X5 \\ + 0.273X6 + 0.133X7 + 0.236X8 - 0.448X9 \quad (2.17)$$

$$F2 = 0.357X1 + 0.354X2 + 0.446X3 + 0.136X4 - 0.223X5 \\ - 0.424X6 - 0.498X7 + 0.094X8 + 0.209X9 \quad (2.18)$$

综合函数表达式为

$$F=\frac{\lambda_1}{\lambda_1+\lambda_2}F1+\frac{\lambda_2}{\lambda_1+\lambda_2}F2=0.51F1+0.49F2 \tag{2.19}$$

通过各个主成分表达式与综合评价函数表达式计算,得到2012年3～5月库区干流各断面污染评分排名,如表2.16所示。由总得分排名可知,巴东断面在水位调节期水质最差,万州断面最好。

表2.16 2012年蓄水前期库区干流断面主成分得分表

断面	F1	F2	F	排名
寸滩	1.800	−0.461	0.692	4
长寿	1.751	−0.885	0.459	5
清溪场	2.364	−2.110	0.172	6
万州	−2.715	−1.727	−2.231	8
奉节	−2.752	−1.338	−2.059	7
官渡口	−0.040	2.099	1.008	2
巴东	0.025	2.171	1.076	1
庙河	−0.432	2.250	0.882	3

从2012年3～5月库区干流断面主成分得分变化可知,污染呈现出两端较重、库中较轻的特点。在万州之前的断面,第一主成分$F1$的污染贡献大于$F2$,万州之后则相反。在万州和奉节这两个断面,水质最好。前三个断面以五日生化需氧量、氨氮、硫酸盐污染为主,后三个断面以有机物污染为主。

由表2.17可见,在汛期中,共提取了3个主成分,所对应的特征值分别为5.391、1.915、1.127。三者累积贡献率达93.704%,满足要求。

表2.17 2012年汛期水质指标特征值和主成分贡献率

成份	初始特征值			提取平方和载入			旋转平方和载入		
	合计	方差/%	累积/%	合计	方差/%	累积/%	合计	方差/%	累积/%
1	5.391	59.905	59.905	5.391	59.905	59.905	3.884	43.153	43.153
2	1.915	21.274	81.179	1.915	21.274	81.179	2.801	31.127	74.280
3	1.127	12.525	93.704	1.127	12.525	93.704	1.748	19.425	93.705
4	0.279	3.102	96.806						
5	0.168	1.866	98.671						
6	0.097	1.082	99.753						
7	0.022	0.247	100.000						
8	2.38×10^{-16}	2.65×10^{-15}	100.000						
9	2.64×10^{-17}	2.94×10^{-16}	100.000						

由2012年6～8月干流水质指标旋转成分矩阵(表2.18)可知,在第一主成分$F1$中,

高锰酸盐指数、粪大肠菌群载荷值较高,分别为 0.760、0.925。在第二主成分 F2 中,五日生化需氧量载荷值较高为 0.931,贡献最大。在第三主成分中,总氮的载荷值最高,为 0.945。可见,在汛期,水质主要受到生活污水的污染。

表 2.18 2012 年汛期水质指标旋转成分矩阵

	成分		
	1	2	3
高锰酸盐指数	0.760	0.420	0.272
五日生化需氧量	0.359	0.931	0.048
硫酸盐	−0.940	0.047	0.172
氨氮	−0.074	−0.946	0.235
硝酸盐氮	−0.488	−0.506	0.683
TP	0.692	0.580	0.397
TN	0.275	−0.005	0.945
粪大肠菌群	0.925	0.278	0.078
溶解氧	−0.801	−0.438	−0.253

从 2012 年 6~8 月汛期干流断面主城得分排名可知,寸滩断面污染最为严重,庙河断面水质最好(表 2.19)。

表 2.19 2012 年汛期干流断面主成分得分表

断面	F1	F2	F3	F	排名
寸滩	2.956	0.609	−0.823	1.925	1
长寿	1.170	1.646	−0.689	1.038	3
清溪场	0.986	1.704	1.651	1.238	2
万州	1.271	−2.011	1.055	0.488	4
奉节	0.804	−1.565	0.348	0.200	5
官渡口	−1.233	−0.557	−0.926	−1.038	6
巴东	−1.372	−0.465	−1.239	−1.146	7
庙河	−4.582	0.637	0.623	−2.705	8

分析汛期库区干流断面主成分得分变化(表 2.19)可以看出,从库尾到库首,污染逐渐降低,寸滩污染最为严重。三个主成分的污染贡献大体是相同的,且都有逐渐降低的趋势。说明在长江汛期期间,水流量大,特别是在库首,水流量很大,水体更新快,污染能最大程度地得到稀释;而在库尾,水流量小,污染就最为严重。这个时期的污染主要是生活废水和农业污水。

由表 2.20 可见,在蓄水期,共提取了 2 个主成分,第一主成分和第二主成分对应的特征值分别为 4.611、2.853。二者累积贡献率达 82.930%,满足要求。

表 2.20　2012 年蓄水期水质指标特征值和主成分贡献率

	初始特征值			提取平方和载入		
	合计	方差的%	累积%	合计	方差的%	累积%
1	4.611	51.231	51.231	4.611	51.231	51.231
2	2.853	31.699	82.930	2.853	31.699	82.930
3	0.996	11.064	93.994			
4	0.259	2.881	96.875			
5	0.181	2.008	98.884			
6	0.095	1.054	99.938			
7	0.006	0.062	100.000			
8	3.575×10^{-17}	3.972×10^{-16}	100.000			
9	-1.056×10^{-16}					

2012 年 9～10 月干流水质指标旋转成分矩阵(表 2.21)可知,在第一主成分 F1 中,硫酸盐、氨氮、溶解氧载荷值较高,分别为 0.956、0.946、0.828。在第二主成分 F2 中,五日生化需氧量和粪大肠菌群较高,为 0.910、0.958,贡献最大,表征水质受生活污水的污染程度。

表 2.21　2012 年蓄水期水质指标旋转成分矩阵

	成分	
	1	2
高锰酸盐指数	0.536	0.630
五日生化需氧量	−0.093	0.910
硫酸盐	0.956	−0.201
氨氮	0.946	0.037
硝酸盐氮	−0.617	−0.268
总磷	−0.629	0.751
总氮	−0.940	−0.025
粪大肠菌群	0.049	0.958
溶解氧	0.828	−0.435

从 2012 年 9～10 月末蓄水期干流断面主城得分排名(表 2.22)可知,官渡口断面污染最为严重,奉节断面水质最好。

表 2.22　2012 年蓄水期干流断面主成分得分表

断面	F1	F2	F	排名
寸滩	−1.544	2.594	0.277	4
长寿	−0.638	0.690	−0.054	5

续表

断面	F1	F2	F	排名
清溪场	−1.866	1.500	−0.385	6
万州	−1.656	−1.786	−1.713	7
奉节	−1.765	−2.561	−2.115	8
官渡口	3.068	0.494	1.935	1
巴东	2.921	−0.257	1.523	2
庙河	1.481	−0.674	0.533	3

从蓄水期库区干流断面主成分得分变化(表 2.22)可以看出,万州和奉节断面水质较好。在万州断面以前,第二主成分 $F2$ 大于第一主成分 $F1$,由此判断,寸滩、长寿、清溪场这三个断面在主成分 $F2$ 的主要贡献因子(五日生化需氧量和粪大肠菌群即生活污水指标)比 $F1$ 的主要贡献因子(硫酸盐、氨氮、溶解氧)对水体污染的作用贡献大。从万州至庙河 5 个断面,$F1$ 大于 $F2$,由此判断从万州断面开始,第一主成分污染(硫酸盐、氨氮、溶解氧)占了主导地位。

由表 2.23 可见:在高水位运行期中,共提取了 2 个主成分,第一主成分和第二主成分所对应的特征值分别为 5.133、2.276。第一主成分信息贡献率 45.232%,第二主成分信息贡献率 37.082%,二者累积达 82.314%,满足信息提取>80%的需要。

表 2.23 2012 年高水位运行期水质指标特征值和主成分贡献率

成分	初始特征值			提取平方和载入			旋转平方和载入		
	合计	方差/%	累积/%	合计	方差/%	累积/%	合计	方差/%	累积/%
1	5.133	57.028	57.028	5.133	57.028	57.028	4.071	45.232	45.232
2	2.276	25.286	82.314	2.276	25.286	82.314	3.337	37.082	82.314
3	0.899	9.993	92.307						
4	0.508	5.644	97.951						
5	0.152	1.687	99.638						
6	0.032	0.357	99.995						
7	0.000	5.000×10^{-3}	100.000						
8	1.480×10^{-16}	1.644×10^{-15}	100.000						
9	5.034×10^{-17}	5.593×10^{-16}	100.000						

分析高水位运行期水质指标旋转成分矩阵(表 2.24)。在第一主成分 $F1$ 中,TN 和 TP 载荷值较高,分别为 0.952、0.894,由此可见第一主成分反映富营养化指标对水质的影响,表征水体富营养化程度;第二主成分 $F2$ 中,五日生化需氧量和氨氮的载荷值分别为 0.928、0.916,主要反映水体受好氧性有机污染物污染的程度。

表 2.24 2012 年高水位运行期水质指标旋转成分矩阵

因子	成分 1	成分 2
TN	0.952	0.140
溶解氧倒置	−0.941	−0.272
高锰酸盐指数	−0.906	−0.323
TP	0.894	−0.125
硫酸盐	0.703	0.454
硝酸盐氮	−0.060	−0.966
五日生化需氧量	0.284	0.928
氨氮	0.020	0.916
粪大肠菌群	0.283	0.534

从 2012 年 10～12 月高水位运行期干流断面主成得分排名(表 2.25)可知,清溪场断面污染最为严重,奉节断面水质最好。

表 2.25 2012 年高水位运行期干流断面主成分得分表

断面	F1	F2	F	排名
寸滩	2.714	0.611	2.068	2
长寿	2.226	0.252	1.620	3
清溪场	3.156	−0.223	2.118	1
万州	−1.258	−1.920	−1.461	7
奉节	−1.298	−2.577	−1.691	8
官渡口	−1.896	1.446	−0.869	5
巴东	−1.551	0.962	−0.779	4
庙河	−2.093	1.448	−1.005	6

由 2012 年高水位运行期干流断面主成分得分变化(表 2.25)可知,第一主成分 $F1$ 在寸滩至奉节断面一直大于第二主成分 $F2$,而官渡口至庙河断面第二主成分 $F2$ 大于第一主成分 $F1$。由此可以判断,在奉节断面及其上游库区的干流断面,第一主成分 $F1$ 所表征的富营养物质污染比第二主成分 $F2$ 所表征的好氧性有机污染物污染严重,奉节断面以下则情形相反。第一主成分 $F1$ 得分自库区上游至下游,整体上呈现下降趋势,表明库区在高水位运行期,上游断面营养物质浓度较下游高。第二主成分 $F2$ 则处于波动之中,库首和库尾较高,中间断面较低。

3. 结论

运用主成分分析法和 SPSS 统计软件,对三峡库区 8 个断面 2012 年蓄水前期、汛期、蓄水期和高水位运行期的水质监测数据进行处理和分析,初步探讨了主要影响因子的作用和相互关系,得出结论如下。

(1)在蓄水前期,污染呈现出两端较重、库中较轻的特点。在万州和奉节这两个断面,水质最好。前三个断面以五日生化需氧量、氨氮、硫酸盐污染为主,后三个断面以有机物污染为主。

(2) 在汛期,从库尾到库首,污染逐渐降低,寸滩污染最为严重。在长江汛期期间,水流量大,特别是在库首,水流量很大,水体更新快,污染能最大程度地得到稀释,而在库尾则相反。这个时期的污染主要是生活废水和农业污水。

(3) 在库区蓄水期,万州和奉节断面水质较好,在万州断面以前三个断面受生活污水污染明显;从万州断面开始,水质关键因子为硫酸盐、氨氮、溶解氧,一定程度上反映营养化程度。

(4) 在高水位运行期,营养性物质为上游寸滩至奉节断面的主要污染物,且营养性物质整体上呈下降趋势;库区上游和下游断面好氧性有机污染物较高,中部断面较低;在库区下游好氧性有机物为主要污染物。

为了维护好三峡库区水质安全,相关部门应该针对以上特点采取相应措施:减少周边农田农药化肥的使用,同时采用滴灌的灌溉方式,以有效防止过多的灌溉用水携化肥等流入长江。严格管理居民生活污水经污水处理厂处理达标后再汇入河道。减少江边工业企业数量,降低工业污染对河道的影响,并对不能搬离的企业的生产过程进行严格的监管,严禁工业废水未经处理直接向河道排放。

2.2 聚类分析

2.2.1 聚类分析法概述

聚类分析是针对研究对象,按照其某些相似性或差异性进行分类,以便系统地加以科学研究的一种有效方法(马京民 等,2009)。聚类分析能够将一批样本(或变量)数据根据其诸多特征,按照在性质上的亲疏程度在没有先验知识的情况下进行自动分类,产生多个分类结果(李新蕊,2008)。相同类内部个体特征之间具有相似性,不同类间个体特征的差异性较大。由于聚类分析在管理与评价等领域显现出来的优点,使得其在经济、管理、社会学、医学、环境评价等领域得到广泛的应用。在水质分析评价领域,众多的国内外专家学者,将聚类分析成功地应用到了实际的水质分析评价工作中,取得了很好的科研效果(杨道军 等,2007;袁东,2003;Shannon et al.,1972)。

聚类方法应用较多的主要有两种,一种是系统聚类法,另一种是K均值法(曹彦龙 等,2007;陈军辉 等,2006)。本书所用聚类方法为系统聚类法,其基本原理是:首先将一定数量的样本或指标各自看成一类,根据样本(或指标)的亲疏程度,将亲疏程度最高的两类进行合并,然后考虑合并后的类与其他类之间的亲疏程度,再进行合并(张旋 等,2010;张妍 等,2005)。重复这一过程,直到将所有的样本(或指标)合并为一类。

类与类之间距离的计算方法主要有以下几种:
(1) 最短距离法(nearest neighbor),是指两类之间每个个体距离的最小值;
(2) 最长距离法(farthest neighbor),是指两类之间每个个体距离的最大值;
(3) 组间联接法(between-groups linkage),是指两类之间个体之间距离的平均值;
(4) 组内联接(within-groups linkage),是指把两类所有个体之间的距离都考虑在内;
(5) 重心距离法(centroid clustering),是指两个类中心点之间的距离;

(6) 离差平方和法 (ward 法)，同类样品的离差平方和应当较小，类与类之间的离差平方和应当较大。根据以往经验，本书在聚类方法的选择上，选用组间连接法。

2.2.2　2012年三峡库区干流断面聚类分析

在主成分分析的基础上，通过主成分分析与聚类分析集成复合，来对三峡库区实现监测断面的分类。聚类方法采用组间联接法，对等间隔测度的变量使用欧式距离平方作为类间距离。表 2.26 显示的是用平方欧式距离计算的近似矩阵，其实质是一个不相似矩阵，其中的数值表示各个样本之间的相似系数，数值越大，表示两样本距离越大。

表 2.26　近似矩阵表

断面	平方欧式距离							
	寸滩	长寿	清溪场	万州	奉节	官渡口	巴东	庙河
寸滩	0							
长寿	1.088	0						
清溪场	0.290	2.500	0					
万州	16.413	18.277	16.254	0				
奉节	27.889	29.339	27.928	1.587	0			
官渡口	21.748	15.891	25.584	14.296	16.328	0		
巴东	23.007	16.916	26.963	15.027	16.825	0.018	0	
庙河	28.182	21.784	32.290	15.706	16.026	0.485	0.347	0

图 2.12 为 2012 年三峡库区干流断面聚类分析结果树状图。以 2012 年三峡库区干流断面主成分分析中各断面主成分得分为基础，画三峡库区各断面主成分得分二维分布图，如图 2.13 所示。分析图 2.12、图 2.13 可知，三峡库区干流断面大致分成三类。第一类为位于库区上游的寸滩、长寿、清溪场三个断面，第二类为位于库区中段的奉节和万州两个断面，第三类为位于库首的庙河、巴东、官渡口三个断面。在对主成分的聚类分析后，将三峡库区干流水域大致划分成 3 个区域。因此，在提出相应的水环境管理与水污染防治措施时，就可以对不同水域实行不同的方针指导。

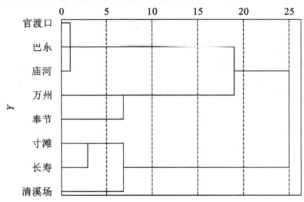

图 2.12　2012 年三峡库区干流断面聚类分析结果树状图

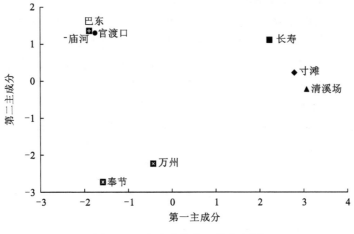

图 2.13 主成分得分二维分布图

2.2.3 不同水质指标下三峡库区干流断面聚类分析

为了明晰各个断面与断面之间的污染特征,以各个水质指标数据为基础,对三峡库区干流各个断面进行聚类分析。通过聚类分析,得到三峡库区干流断面在各个指标污染上污染相似性与差异性。

1. 三峡库区干流断面 TP 污染特征

以三峡库区干流的 8 个断面为研究对象,以各个断面 2008～2012 年五年内,每个年份 TP 的年平均值为数据基础,进行聚类分析。分析方法采用组间联接法,对等间隔测度的变量使用欧式距离平方作为类间距离。图 2.14 为 2008～2012 年三峡库区干流各断面 TP 年均含量变化值,由图 2.14 可知,三峡库区干流的 8 个监测断面中,TP 的含量总体上呈现从上游至下游的趋势,其中在清溪场断面 TP 含量高于其他断面。靠近库首的三

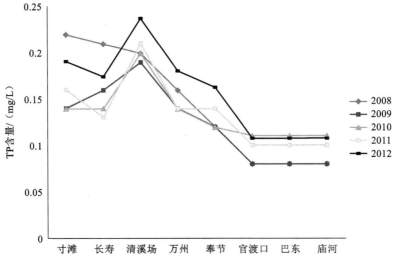

图 2.14 2008～2012 年三峡库区干流断面 TP 年均含量变化值

个断面 TP 含量较低,但这并不能说明下游的 TP 污染程度就一定比上游低,因为越接近库首,水流速度越慢,爆发水体富营养化事件的可能性就越大;而上游水流速度较快,虽然 TP 含量较高,并不一定就会发生富营养化。因此,对待不同水域需要有不同的环境管理和污染治理措施,不能一概而论,故对三峡库区的不同水域进行分类就显得较为重要。

以三峡库区干流断面 2008~2012 年五年 TP 年均值为基础,进行聚类分析,输出树状图(图 2.15)。经过聚类分析,将库区干流断面分为三类,其中清溪场断面自成一类;官渡口、巴东、庙河三个断面分为一类;寸滩、长寿、万州、奉节四个断面分为一大类,其中将四个断面中位于上游的寸滩和长寿分为一小类,下游的万州和奉节划为另一类。联系实测数据图可知,聚类效果明显符合实际情形。

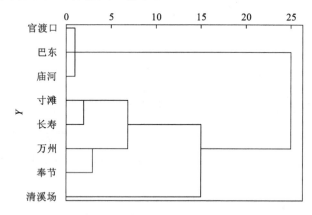

图 2.15 三峡库区干流断面 2008~2012 年 TP 聚类树状图

2. 三峡库区干流断面 TN 污染特征

TN 和 TP 一样,都是水体富营养化程度的重要指标,因此,对三峡库区干流断面 TN 也进行聚类分析。聚类方法采用组间联接法,对等间隔测度的变量使用欧式距离平方作为类间距离。图 2.16 为三峡库区干流各断面 2008~2012 年 TN 年均含量变图,分析图 2.16 可知,三峡库区 TN 含量一般是位于库区上游和下游的断面含量较低,中间段的含量较高。

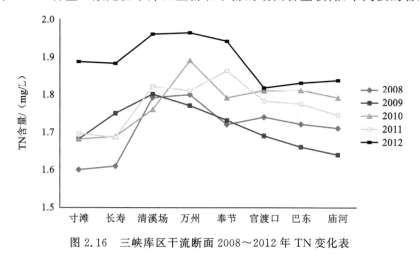

图 2.16 三峡库区干流断面 2008~2012 年 TN 变化表

以 2008~2012 年三峡库区干流断面 TN 年均含量值为依据,经聚类分析,输出聚类树状图(图 2.17)。由图 2.17 可知,以 TN 污染为判断依据,三峡库区干流断面共分为三大类,其中寸滩、长寿断面为一类,清溪场、万州、奉节断面为一类,官渡口、巴东、庙河为一类。联系实测数据,寸滩、长寿断面 TN 含量一般较其他低,归为一类;清溪场、万州、奉节TN 含量较高,归为一类;官渡口、巴东、庙河三个断面含量水平相当,归为一类。

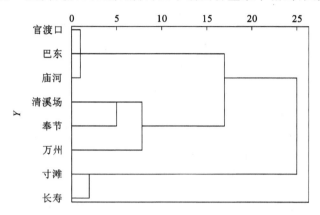

图 2.17 2008~2012 年三峡库区干流断面 TN 污染聚类树状图

2.3 逐步判别分析法

2.3.1 Bayes 判别分析法

已知有 k 个 p 维总体 $G_1, G_2, \cdots, G_k$,每个总体 G_i 可认为是属于 G_i 的指标 $X = X_1, X_2, \cdots, X_k$ 取值的全体,它们的先验概率分别为 $q_1, q_2, \cdots, q_k$,且满足条件 $q_i \geqslant 0$ $(i = 1, 2, \cdots, k)$ 和 $\sum_{i=1}^{k} q_i = 1$。各总体分别具有互不相同的 p 维密度函数(在离散情况下,其为概率函数)$f_1(x), f_2(x), \cdots, f_k(x)$,在观测到一个样本 x 的情形下,可用 Bayes 公式计算它来自第 j 总体的后验概率:

$$P(j/x) = \frac{q_j f_j(x)}{\sum_{i=1}^{k} q_i f_i(x)} \quad (j = 1, 2, \cdots, k) \tag{2.20}$$

且当 $P(l/x) = \max_{1 \leqslant j \leqslant k} P(j/x)$ 时,则可以判定 X 来自第 l 个总体。

逐步判别分析法是在基于判别分析之上从所有因子中挑选出具有最显著判别能力的因子进行判别分析。其分析步骤如下。

第一步:计算各种水体中各变量的均值、总均值和似然统计量,并令引入变量和剔除变量的临界值为 $F_{引入}$ 和 $F_{剔除}$。

第二步:逐步计算,计算所有变量的判断能力,从入选变量中剔除可能存在的最不显著变量。具有最大判断能力的变量从未选入变量中选取,对变量作 F 检验,接受通过检验的变量,剔除未通过检验的变量。当不能剔除又不能增加变量时,逐步计算结束。

第三步：建立判别函数，利用第二步中选入的变量和 Bayes 判别法建立判别函数。

第四步：根据判别函数及后验概率的大小对样品进行判别分类。

2.3.2 三峡库区水质评价

1. 研究区及水质资料概况

为了更好地开展长江流域水资源的综合管理、监测评价等，长江水利委员会水文局在长江三峡库区及三峡大坝的下游设有 13 个水质监测断面，对水库水质进行持续的监测。本次展开水质评价的对象即为在库区干流设置的寸滩、长寿、清溪场、万州、奉节、官渡口、巴东、庙河等 8 个监测断面（后文简称断面 1，断面 2，⋯，断面 8）。主要监测断面的地理位置分布图见图 2.1。

各监测断面的水质实测资料包括 2008～2012 年各监测断面高锰酸盐指数、五日生化需氧量、氨氮、TN、TP、粪大肠菌类和溶解氧 7 项监测指标的逐月平均浓度数据。表 2.27 给出寸滩断面 2012 年的 7 项水质指标监测月均浓度数据。

表 2.27　寸滩断面 2012 年 7 项水质指标监测月均浓度值

2012 年	高锰酸盐指数 /(mg/L)	五日生化需氧量 /(mg/L)	氨氮 /(mg/L)	TN /(mg/L)	TP /(mg/L)	粪大肠菌类 /(个/L)	溶解氧 /(mg/L)
1 月	1.58	0.96	0.14	2.14	0.11	20 333	10.01
2 月	1.46	0.92	0.06	2.00	0.13	7 900	10.02
3 月	1.88	0.93	0.15	2.06	0.17	15 667	9.90
4 月	1.86	0.94	0.14	2.11	0.16	24 000	8.97
5 月	2.28	0.93	0.15	2.07	0.17	38 333	7.98
6 月	2.57	0.97	0.05	2.07	0.16	17 667	8.00
7 月	4.83	0.96	0.11	1.97	0.30	49 000	7.73
8 月	3.34	0.94	0.04	1.43	0.29	38 333	7.72
9 月	5.83	0.96	0.10	1.91	0.38	49 000	7.72
10 月	2.48	0.91	0.04	1.71	0.38	19 000	8.89
11 月	1.46	0.94	0.08	1.47	0.09	24 333	9.64
12 月	1.89	0.94	0.08	1.69	0.13	19 000	10.09

2. 水质评价样本

针对研究所选取涉及的高锰酸盐指数、五日生化需氧量等 7 项水质指标，根据国家《地表水环境质量标准（GB 3838—2002）》中地表水环境质量标准中 7 项水质指标的标准等级区间（表 2.28），在每个等级区间（包含劣五类）内随机生成各 50 个样本。评价样本即由两部分组成：《地表水环境质量标准（GB 3838—2002）》中的标准样本和随机样本 305 个。

表 2.28　地表水环境质量标准　　　　　　　　（单位：mg/L）

水质评价指标	I 类	II 类	III 类	IV 类	V 类
高锰酸盐指数 ≤	2	4	6	10	15
五日生化需氧量 ≤	3	3	4	6	10
氨氮 ≤	0.15	0.50	1.00	1.50	2.00
TN ≤	0.2	0.5	1.0	1.5	2.0
TP ≤	0.02	0.10	0.20	0.30	0.40
粪大肠菌类（个）≤	200	2 000	10 000	20 000	40 000
溶解氧 ≥	7.5	6.0	5.0	3.0	2.0

3. 水质的逐步判别分析

将已知水质等级的 305 个样本作为训练样本，在经过逐步计算筛选后得到变量因子，利用训练样本的保留变量因子数据构造判别函数，再将需要判别的各监测断面待判样本利用判别函数进行判别分类，根据后验概率的大小确定待判样本的类别，展开水质的评价。模型利用数学软件 SAS 编程求解。

逐步判别法的变量筛选的基本思想与逐步回归是相似的。在 SAS 程序中，在数据段之后的程序段中加入语句：

　　proc stepdisc data=exmethod=stepwise sle=0.3 sls=0.3

上述语句表明选用逐步判别法筛选变量因子，选择后验概率＞0.3（不注明时系统默认后验概率＞0.15）。

运行程序，结果见表 2.29。

表 2.29　逐步判别法筛选变量因子结果

步骤	输入	删除	偏回归平方和	F 值	Pr＞F	Pr＜Lambda	Pr＞ASCC
1	x_5	/	0.973 1	2 166.80	＜0.000 1	＜0.000 1	＜0.000 1
2	x_6	/	0.714 8	149.40	＜0.000 1	＜0.000 1	＜0.000 1
3	x_7	/	0.563 2	76.59	＜0.000 1	＜0.000 1	＜0.000 1
4	x_2	/	0.341 6	30.72	＜0.000 1	＜0.000 1	＜0.000 1
5	x_1	/	0.283 1	23.30	＜0.000 1	＜0.000 1	＜0.000 1
6	x_4	/	0.228 0	17.37	＜0.000 1	＜0.000 1	＜0.000 1
7	x_3	/	0.153 8	10.65	＜0.000 1	＜0.000 1	＜0.000 1

根据表 2.29 显示的运行结果，可以知道，通过逐步筛选变量因子，7 项水质指标均具有显著判别能力，故均选为判别分析的指标。这说明所选 7 项指标分别对水质评价结果是具有显著影响的。这与实际情况相符。

在筛选变量因子之后，利用训练样本建立函数。同样，由 SAS 程序得到的结果见表 2.30。其中 $a_1 \sim a_7$ 分别表示高锰酸盐指数、五日生化需氧量、氨氮、TN、TP、粪大肠菌类和溶解氧 7 项水质指标在判别函数中的系数;常数项是指判别函数的常数项;$y1 \sim y6$ 分别表示判别结果为 I 类、II 类、III 类、IV 类、V 类、劣 V 类。

表 2.30 根据训练样本得到的判别函数

变量因子	y1	y2	y3	y4	y5	y6
常数项	−171.864	−122.499	−146.825	−226.720	−399.751	−702.174
a1	1.246 83	3.131 93	4.984 68	7.769 83	12.123 38	16.528 43
a2	4.933 61	3.623 08	5.106 37	5.779 53	8.626 63	12.983 25
a3	7.239 89	19.876 36	36.029 01	59.094 66	76.595 39	93.305 60
a4	12.372 19	24.567 67	47.546 60	72.371 13	96.095 46	119.601 30
a5	41.501 85	97.518 22	226.307 30	366.806 70	492.505 00	637.376 20
a6	0.000 26	0.000 21	0.000 49	0.001 03	0.002 04	0.003 48
a7	38.429 81	30.868 05	27.182 29	22.210 80	18.264 57	17.027 88

由表 2.30 结果可知,建立的判别函数形式如下:

$$y_1 = -171.864 + 1.246\,83x_1 + 4.933\,61x_2 + 7.239\,89x_3 + 12.372\,19x_4 \\ + 41.501\,85x_5 + 0.000\,257x_6 + 38.429\,81x_7 \tag{2.21}$$

根据国家地表水质量标准,在各等级区间内随机生成 5 个(共 30 个)随机样本,作为判别模型的检验样本。

根据 SAS 程序的判别分析结果,得到已知等级的训练样本的判定结果、检验样本(已知水质等级)的评判结果和 8 个监测断面 2008~2012 年逐月水质等级评价结果。其中,训练样本的判定结果误判率为 0.328%,检验样本的评判正确率为 100%,可见建立的判别函数具有很高的判别能力,可以用来判别待判样本。这里给出 2012 年 8 个监测断面逐月判别评价结果,见表 2.31。

表 2.31 8 个监测断面 2012 年的判别评价结果

2012 年	断面 1	断面 2	断面 3	断面 4	断面 5	断面 6	断面 7	断面 8
1 月	III	III	III	III	III	III	III	III
2 月	III	III	III	III	III	III	III	III
3 月	III	III	III	III	III	III	III	III
4 月	III	III	III	III	III	III	III	III
5 月	III	III	III	III	III	III	III	III
6 月	III	III	III	IV	III	III	III	III
7 月	IV	IV	IV	IV	III	III	III	III
8 月	III	III	III	III	III	III	III	III
9 月	IV	III	IV	III	III	III	III	III
10 月	III	III	III	III	III	III	III	III
11 月	II	II	III	III	III	III	III	III
12 月	III	II	III	II	III	II	II	II

根据待判样本的判别结果,统计 8 个监测断面于 2008~2012 年水质评价各等级出现的频次,结果见表 2.32。

表 2.32 2008~2012 年 8 个监测断面水质评价等级频次

等级	断面 1	断面 2	断面 3	断面 4	断面 5	断面 6	断面 7	断面 8
I 类	0	0	0	0	1	0	0	0
II 类	6	13	3	11	14	6	5	11
III 类	43	39	47	44	43	54	55	49
IV 类	10	8	10	5	2	0	0	0
V 类	0	0	0	0	0	0	0	0
劣 V 类	1	0	0	0	0	0	0	0

对判别评价结果进行分析,可以得出以下结论。

(1) 三峡库区水质整体情况良好,以 III 类水居多。其中断面 1、断面 3 水质判别评价等级主要分布在 III 类、IV 类;断面 2、断面 4、断面 5、断面 6、断面 7、断面 8 水质判别评价等级主要分布在 II 类、III 类。这与实际情况相一致。

(2) 将各个监测断面水质情况进行比较认为,断面 5 的水质相对其他断面要更好一点;断面 6、断面 7、断面 8 的水质等级相对更加稳定,其它断面水质波动情况则要大一点。

(3) 逐月比较断面 6 和断面 7 所有评价等级结果可以发现,断面 6 和断面 7 水质评价结果基本相同,相同率 98.33%,且根据两断面的实际监测水质指标数据比较,两断面的水质是相似的。因此,根据这个结论建议长江委水文局可以将位于湖北省的官渡口监测断面和巴东监测断面取消其中的一个,这样可以减少水质监测工作的工作量,减少经费开支。也可以将取消的一个断面另外设置在更需要设置监测断面的地区。

(4) 整体上,各断面水质在每年 7、8 月份的评价等级都相对高一个等级(即水质相对差一点)。这可能是由于 7、8 月份处于长江流域的平水期,污染物浓度相对要高。

2.3.3 小结

逐步判别法是基于已知类别的训练样本,对待判样本进行判别的一种简单有效的统计判别分类方法。它广泛应用于气候分类、农业区划分、土层类型确定、水质判别分类等类型判别问题上。

利用逐步判别分析法对长江三峡库区 8 个监测断面 2008~2012 年水质进行判别评价。所选的 7 项水质指标对判别结果均有显著影响,因此无指标被剔除。结果显示三峡库区 8 个监测断面的水质整体良好,主要分布在 III 类水质。

位于湖北省的 3 个监测断面的水质明显更加稳定,水质波动相对较小。且根据判别评价结果对长江委水文局给出建议:可以取消官渡口监测断面或巴东监测断面。这样可以减轻三峡库区水质监测工作的工作量,节省人力、物力、财力用于其他监测工作。

2.4 基于分层遗传算法的投影寻踪模型

2.4.1 水质评价指标

参照国家《地表水环境质量标准(GB 3838—2002)》中地表水环境质量标准基本项目,选择具有代表性且尽可能反映出人为污染特点,最终确定以高锰酸盐指数、五日生化需氧量、氨氮、TN、TP、粪大肠菌类和溶解氧等项目作为水质评价指标。

2.4.2 建立投影寻踪模型的步骤

投影寻踪将高维观测数据投影到低维子空间上,通过寻找出的投影指标函数来观察高维感测数据的结构或特征,从而来研究和分析高维观测数据,其建模步骤如下。

样品指标的观测数据为$\{\beta(i,j) | i=1,2,\cdots,n, j=1,2,\cdots,m\}$,其中$\beta_{\min}(i,j)$表示第$i$个样品的第$j$个指标的观测数据,$n$、$m$分别为样品个数和指标个数。按下式进行规格化处理。

对越大越优的指标,
$$\alpha(i,j) = \frac{\beta(i,j) - \beta_{\min}(j)}{\beta_{\max}(j) - \beta_{\min}(j)} \tag{2.22}$$

对越小越优的指标,
$$\alpha(i,j) = \frac{\beta_{\max}(j) - \beta(i,j)}{\beta_{\max}(j) - \beta_{\min}(j)} \tag{2.23}$$

式中:$\alpha(i,j)$为第i个样品的第j个指标经规格化处理后的归一化值;$\beta_{\max}(j)$、$\beta_{\min}(j)$分别表示第j个指标值的最大值和最小值。

设投影向量$\boldsymbol{\lambda} = (\lambda(1), \lambda(2), \cdots, \lambda(m))$,将$\alpha(i,j)$以$\boldsymbol{\lambda}$方向进行投影,得到其投影值$p(i)$为

$$p(i) = \sum_{j=1}^{m} \lambda(j)\alpha(i,j) \tag{2.24}$$

式中:投影向量$\boldsymbol{\lambda}$可以通过构造投影指标函数求得,投影指标函数为

$$Q(\boldsymbol{\lambda}) = S_P \cdot D_p \tag{2.25}$$

式中:S_p为投影值$p(i)$的标准差;D_p为投影值$p(i)$的局部密度。

不同的投影方向反映不同的数据结构特征,通过最大化投影指标函数来找出最佳投影方向,即

$$Q_{\max}(\boldsymbol{\lambda}) = S_P \cdot D_p \tag{2.26}$$

$$\text{s.t.} \sum_{j=1}^{p} \lambda^2(j) = 1 \tag{2.27}$$

将最佳投影方向向量代入上式即可计算得到各个样品的投影值,通过分析投影值的结构分布特征,可对其进行分类、排序,从而确定样品的类别。

2.4.3 加速分层遗传算法优化模型

遗传算法是一种广泛应用的随机优化方法,它具有适应性强、全局优化、概率搜索、编码特征、隐含并行性、自适应性等特性。在投影寻踪模型中,求解投影指标函数最大值是一个复杂的非线性优化问题,传统的优化方法很难满足这种复杂问题的要求。利用遗传算法来求解这类问题就比较简单、有效,因此,可以将遗传算法应用于求解投影指标函数最大化的问题。

然而,标准的遗传算法自身还存在一些不足,如易陷入局部最优解、早熟等,所以需要对遗传算法进行改进。在已有的加速遗传算法与分层遗传算法的基础上,在此提出加速分层遗传算法。加速遗传算法保证了算法的全局寻优和收敛,克服了标准遗传算法的提前收敛、容易陷入局部最优以及进化时间长等缺点。但加速遗传算法需要通过多次迭代才能产生优秀的个体,这是由于随机搜索很难选择产生的优秀个体。而分层遗传算法可以并行地选择多个优秀的个体,并且以子群体为单位选择交叉变异操作,这样很好地提高了遗传算法全局搜索的效率。加速分层的遗传算法的思想如下。

步骤1:分层。首先随机地生成$N \times n$个样本($N \geqslant 2, n \geqslant 2$),然后将它们分成$N$个子种群,每个子种群包含$n$个样本,对每个子种群独立地运行各自的低层标准遗传算法GA_i($i=1,2,\cdots,N$)至运算结束,输出各种群进化的最优结果。

步骤2:加速。以各分层运算输出的N个最优个体作为初始群体,再重新进入高层标准遗传算法。算法运行达到预定的加速次数后,停止运算。此时,将当前群体中最佳个体指定为算法得到的最优结果。

2.4.4 水质评价及结果分析

刘建等通过研究分析比较后,认为各个国家水质等级取值范围内随机生成的样本数量不少于20个(5个等级共计100个随机样本),就已经具有较高的分辨能力和计算精度,足以满足人们的要求(刘建 等,2009)。因此,本书水质评价投影样本由两部分组成:国家标准等级样本和在国家标准等级取值范围内随机生成的各20个随机样本,由于有五个等级,则总共有100个随机样本。投影样本总计205个。将样本数据规范化处理后,再按前文介绍的基于加速分层遗传算法的投影寻踪模型步骤进行处理,设定初始种群规模$N \times n = 7 \times 500$,即共7个子种群,每个子种群的个体数为500,则加速分层数为7。考虑到各子种群的交叉概率Pc和变异概率Pm应有一定差别。本书遗传算法中各子种群的交叉概率Pc和变异概率Pm的值分别在范围$Pc=0.7\sim0.9$、变异概率$Pm=0.1\sim0.3$内取值。模型利用数学软件Matlab编程求解,运行相应的Matlab程序,可以得到最佳投影方向为$\lambda^*=(0.3848,0.2680,0.4046,0.4251,0.4606,0.3455,0.3227)$,Ⅰ~Ⅴ类国家标准等级样本的投影值分别为:$p=(2.2922,1.9368,1.4242,0.7753,0)$。可知,投影值越大,表明水质越好。其中,投影样本的投影值见图2.18。

最佳投影向量各分量的绝对值大小表征各相应水质指标对水质等级评价的影响程度。于是,TP、TN、氨氮、高锰酸盐指数、粪大肠菌类、溶解氧、五日生化需氧量等水质指标对水质等级评价的影响程度依次降低。在我国南方,污水浓度具有普遍较低的特点,但普遍存在水体富营养化现象。因此,在对南方水体的水质进行评价时,TP、TN、氨氮等水

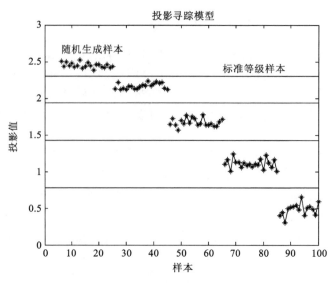

图 2.18 投影样本的投影值

质指标对水质等级评价影响程度相对其他指标来说应该是比较大的,最佳投影向量表示的结果与实际情况需要是非常一致的,这是比较理想、合理的。

然后根据最大投影向量编程计算各断面逐月的水质投影值,再根据上述投影寻踪水质等级判别模型确定各断面逐月的水质等级(表 2.33)。

表 2.33　2011~2012 年 8 个断面逐月的水质评价等级(模型评价结果)

年份	断面	1月	2月	3月	4月	5月	6月	7月	8月	9月	10月	11月	12月
2011年	断面1	II	III	III	III	III	III	III	III	III	III	III	II
	断面2	III	III	III	III	III	III	III	III	II	II	II	III
	断面3	III	III	III	IV	III	IV	IV	III	III	III	III	III
	断面4	II	II	II	II	III	III	III	III	II	II	II	II
	断面5	II	II	II	III	III	III	III	IV	III	III	III	II
	断面6	III	III	III	III	IV	IV	III	III	III	III	III	III
	断面7	III	III	III	III	IV	III	III	III	III	III	III	III
	断面8	II	III	III	III	IV	IV	IV	III	III	III	III	III
2012年	断面1	II	II	II	III	III	III	IV	III	IV	II	II	II
	断面2	II	II	II	III	III	III	III	III	III	II	II	II
	断面3	III	III	III	IV	IV	IV	IV	IV	III	III	III	III
	断面4	II	II	II	II	III	III	III	III	II	II	II	II
	断面5	II	II	II	III	III	IV	IV	IV	III	III	II	II
	断面6	III	III	III	III	IV	V	IV	III	III	III	III	III
	断面7	III	III	III	III	IV	V	IV	IV	III	III	III	II
	断面8	III	III	III	III	IV	V	IV	IV	III	III	III	II

这里列举出 2011 至 2012 年 8 个断面逐月的水质评价等级及各断面五年(2008~2012 年)来水质出现各等级的频数表(表 2.34)。表 2.35 为利用单因子评价法评价得到各断面五年(2008~2012 年)来水质出现各等级的频数表。

表 2.34　各断面 2008~2012 年水质出现各等级的频数(投影寻踪模型评价结果)

等级	断面1	断面2	断面3	断面4	断面5	断面6	断面7	断面8
Ⅰ类	0	0	0	5	1	0	0	0
Ⅱ类	23	16	1	29	26	6	7	10
Ⅲ类	31	34	42	20	19	39	37	34
Ⅳ类	5	10	15	4	12	14	15	15
Ⅴ类	1	0	2	2	2	1	1	1
劣Ⅴ类	0	0	0	0	0	0	0	0

表 2.35　各断面 2008~2012 年水质出现各等级的频数(单因子评价结果)

等级	断面1	断面2	断面3	断面4	断面5	断面6	断面7	断面8
Ⅰ类	0	0	0	0	0	0	0	0
Ⅱ类	0	0	0	0	1	0	0	0
Ⅲ类	0	0	0	0	0	0	0	0
Ⅳ类	6	9	5	8	10	4	4	4
Ⅴ类	29	37	35	36	31	50	50	51
劣Ⅴ类	25	14	20	16	18	6	6	5

根据投影寻踪模型评价结果分析如下。

(1) 各断面水质等级主要分布在Ⅱ类、Ⅲ类、Ⅳ类等级中,水体质量整体良好。其中断面1、断面2、断面4、断面5以Ⅱ类、Ⅲ类水质为主,断面3、断面6、断面7、断面8则以Ⅲ类、Ⅳ类水质为主。

(2) 断面6、断面7水质变化较为相似,这可能是由于地理位置相近、水质相互影响导致。

(3) 各断面水质等级与时间有强烈的相关性,水质变化情况随时间变化特征显著。一般来说,每年平水期(5~10月)水体水质比丰水期(11月~次年4月)要差,这是由于平水期河流水流量少,污染物浓度相对高造成,评价结果与事实一致。

(4) 评价结果与单因子评价结果差异较大,应用单因子评价法评价各断面的同期水质,会发现单因子评价得到的等级普遍比投影寻踪模型评价等级要高 1~2 个等级(即判定水质要差)。这是因为单因子评价法只考察了最差的水质指标来确定水质等级,不及投影寻踪模型的全面、客观、科学、合理。事实上,本书的投影寻踪模型评价结果与《三峡工程生态与环境监测公报》结果基本一致,符合实际情况。

2.4.5　小结

投影寻踪模型能将高维数据投影映射至低维空间上,这样可以有效地将多指标的水质综合评价问题简化,避免了人为赋权重的主观性干扰。实际研究工作结果显示,投影寻踪模型可以有效应用于水质等级综合评价及与之类似的多指标样本分类、分级等问题。

将改进的遗传算法——加速分层遗传算法用于优化投影寻踪模型的投影指标函数,克服传统模型的缺点,具有收敛速度快、不易局部收敛、进化时间相对短等优点,减少原有优化的工作量,能快速找到最佳的投影向量。

基于加速分层遗传算法的投影寻踪模型不用人为赋权,且能综合考察多指标因素的影响,使问题得到简化但却更具有科学性、合理性、全面性。相比单因子评价法等传统水质评价方法,更加适用于水质的综合评价,值得推广应用。

2.5 距离评判理论和支持向量机的水环境质量评价

2.5.1 基本理论

1. 距离评判的基本理论

距离评判技术是根据特征间的距离大小来对特征指标的敏感度进行评判的方法。该方法可以有效提取利于分类的主特征成分,而且计算复杂度低、速度快。距离评判理论的评判原则是:同一类的类内特征距离最小,不同类的类间特征距离最大,能够符合这一原则的特征被认为是敏感特征。即某一特征同一类的类内距离越小,不同类的类间距离越大,则该特征越敏感。该方法的计算步骤如下。

步骤1:计算第j类中第i个特征的类内距离($d_{i,j}$),然后得到第i个特征类间的平均距离。这个等式可以定义如下:

$$d_{i,j} = \frac{1}{N(N-1)} \sum_{m,n=1}^{N} |p_{i,j}(m) - p_{i,j}(n)| \quad (m,n=1,2,\cdots,N; m \neq n) \quad (2.28)$$

式中:N代表同一类中的样本个数;$p_{i,j}$代表特征值;i和j分别代表第i个特征和第j个类别。然后

$$d_{ai} = \frac{1}{M} \sum_{j=1}^{M} d_{i,j} \quad (2.29)$$

式中:M代表类别个数。

步骤2:计算第i个特征的类间距离(d'_{ai})。

$$d'_{ai} = \frac{1}{M(M-1)} \sum_{m,n=1}^{M} |p_{ai,m} - p_{ai,n}| \quad (m,n=1,2,\cdots,M; m \neq n) \quad (2.30)$$

第j类中第i个特征N个样本的平均值($p_{ai,j}$)。

$$p_{ai,j} = \frac{1}{N} \sum_{n=1}^{N} p_{i,j}(n) \quad (n=1,2,\cdots,N) \quad (2.31)$$

步骤3:计算d_{ai}/d'_{ai}。

步骤4:从大到小选择t个特征参数α_i(d_{ai}越小越好,相反,d'_{ai}越大越好;α_i越大代表此特征越好)。

$$\alpha_i = d'_{ai}/d_{ai} \quad (2.32)$$

步骤 5:选择所需的指标个数。

按照 α_i 从大到小的顺序对特征排序,并逐一增加特征个数,输入支持向量机(support vector machine,SVM)进行训练和测试。终止条件为:①分类准确率达到设置的门限值,通常选取 95%~100% 的某一数值,其大小要根据具体问题的难易程度进行相应设置;②特征个数连续增加 n 个,分类准确率却没有任何提高,所以这 n 个指标即为需要选取的最佳指标。

2. 支持向量机理论

支持向量机是一种可训练的机器学习方法,依靠小样本学习后的模型,对未知数据进行分类或回归。它是基于结构风险最小化的学习准则,它的推广能力要比其他传统的学习方法更有优越性。支持向量机的机理是寻找一个满足分类要求的最优分类超平面,使得该超平面在保证分类精度的同时,能够使超平面两侧的空白区域最大化。理论上,支持向量机能够实现对线性可分数据的最优分类。

以两类数据分类为例,给定训练样本集 $\{(x_i,y_i),i=1,2,\cdots,l,x \in R^n\}$,期望输出 $y \in \{\pm 1\}$,l 是样本数目,n 为输入维数。然后构造一个决策函数 $f(x)=\text{sgn}(g(x))$ 将目标样本尽可能地正确分类。

1)线性可分时

存在着超平面 $(w \cdot x)+b=0$ 使得训练点的两类分别位于该超平面的两侧,也就是说存在着参数对 $(w \cdot b)$,使得

$$y_i = \text{sgn}((w \cdot x_i)+b) \quad (i=1,2,\cdots,l) \tag{2.33}$$

式中:w 为超平面的法线方向;其中 $\|w\|$ 是欧氏模函数,分类间隔就为 $\dfrac{2}{\|w\|}$。若所有样本能够被分类面正确分开,则 $y_i[(w \cdot x_i)+b] \geqslant 1 \ (i=1,2,\cdots,l)$ 均成立使等号成立的点即为支持向量。求解最优超平面转化为求解最优问题:

$$\min \phi(w) = \frac{1}{2}\|w\|^2 = \frac{1}{2}(w' \cdot w) \tag{2.34}$$

为了解决该个约束最优化问题,引入 Lagrange 函数:

$$L(w,b,a) = \frac{1}{2}\|w\| - a[y(w \cdot x+b)-1] \tag{2.35}$$

式中:$a_i > 0$ 为 Lagrange 乘数。约束最优化问题的解由 Lagrange 函数的鞍点决定,并且最优化问题的解在鞍点处满足对 w 和 b 的偏导为 0,将该受约束的二次型规划(quadratic programming,QP)问题转化为相应的对偶问题,即

$$\max Q(a) = \sum_{j=1}^{l} a_j - \frac{1}{2}\sum_{i=1}^{l}\sum_{j=1}^{l} a_i a_j y_i y_j (x_i \cdot x_j)$$

$$\text{s.t.} \begin{cases} \sum_{j=1}^{l} a_j y_j = 0 \quad (j=1,2,\cdots,l) \\ a_j \geqslant 0 \quad (j=1,2,\cdots,l) \end{cases} \tag{2.36}$$

解得最优解 $\boldsymbol{a}^* = (a_1^*, a_2^*, \cdots, a_n^*)^\text{T}$。

计算最优权值向量 $\boldsymbol{w}^*$ 和最优偏置 $\boldsymbol{b}^*$，分别为

$$\boldsymbol{w}^* = \sum_{j=1}^{l} a_j^* y_j x_j \qquad (2.37)$$

$$\boldsymbol{b}^* = y_i - \sum_{i=1}^{l} y_j a_j^* (x_j \cdot x_i) \qquad (2.38)$$

式中：下标 $j \in \{j \mid a_j^* > 0\}$，因此得到最优分类超平面 $(\boldsymbol{w}^* \cdot \boldsymbol{x}) + \boldsymbol{b}^* = 0$，而最优分类函数为

$$f(x) = \operatorname{sgn}\{(\boldsymbol{w}^* \cdot \boldsymbol{x}) + \boldsymbol{b}^*\} = \operatorname{sgn}\left\{\left(\sum_{j=1}^{l} a_j^* y_j (x_j \cdot x_i)\right) + \boldsymbol{b}^*\right\} \quad (x \in R^n) \qquad (2.39)$$

2) 线性不可分时

样本线性不可分时，没有间隔的概念。这时候可以通过引入某个映射函数 Φ，将样本从输入空间映射到另一个高维空间中，在这个高维空间中是线性可分的。实际上在这个高维空间上构造最优超平面时，不需要进行复杂的映射运算，只需要使用空间中的点积。

将 x 作从输入空间 R^n 到特征空间 H 的变换 Φ，得

$$x \to \Phi(x) = (\Phi_1(x), \Phi_2(x), \cdots, \Phi_l(x))^{\mathrm{T}} \qquad (2.40)$$

以特征向量 $\Phi(x)$ 代替输入向量 x，则可以得到最优分类函数为

$$f(\boldsymbol{x}) = \operatorname{sgn}(\boldsymbol{w} \cdot \Phi(\boldsymbol{x}) + b) = \operatorname{sgn}\left(\sum_{i=1}^{l} a_i y_i \Phi(x_i) \cdot \Phi(x) + b\right) \qquad (2.41)$$

2.5.2 基于距离评判理论构建水环境质量评价指标体系

选用国家《地表水环境质量标准（GB 3838—2002）》的地表水环境质量标准基本项目中除水温以外的其他 23 个基本项目作为初选指标，然后对指标进行选取。具体选取过程如下。

步骤 1：运用距离评判理论对这 23 个指标根据 α_i 值进行从大到小排序，α_i 值越大表明这个指标越敏感。

步骤 2：根据国家《地表水环境质量标准（GB 3838—2002）》中地表水环境质量标准中所有水质指标的标准等级区间（除去水温），在每个等级区间（包含劣 V 类）内随机生成各 50 个样本。评价样本由两部分组成：《地表水环境质量标准（GB 3838—2002）》中的标准样本 5 个和随机样本 300 个，共 305 个。这 305 个评价样本中每一类水质中选择 30 个样本作为训练样本，剩下的作为测试样本。求得 23 个指标时的分类正确率。

步骤 3：以上述 23 个指标得到的分类正确率作为门限值，一个一个增加特征个数，直到分类准确率没有任何提高，那么这几个指标就是需要选取的最佳指标。

根据上述步骤进行水环境质量评价指标体系的选取，运用 23 个指标得到的分类正确率为 99.17%，基于距离评判方法发现选取前 7 个指标的分类正确率达到 100%，再增加指标，分类正确率也不会再增加。由此，指标得到了约简，但是分类的正确率却得到了提升，所以选取石油类、粪大肠菌群、氨氮、TN、TP、挥发酚和高锰酸盐指数这 7 个指标构建指标体系，见表 2.36。

表 2.36 水环境质量评价指标体系

类别	详细指标
营养盐类	氨氮、TP、TN
氧平衡类	高锰酸盐指数
生物类	粪大肠菌群
毒物类	石油类、挥发酚

2.5.3 三峡库区水环境质量评价模型的构建

为了更好地开展长江流域水资源的综合管理、监测评价等,长江水利委员会水文局在长江三峡库区及三峡大坝的下游设有 13 个水质监测断面,对水库水环境质量进行持续监测。为了科学全面地对三峡库区水环境质量进行评价,本书将依次从重庆到湖北宜昌挑选寸滩、清溪场、万州、奉节、庙河这 5 个监测断面作为评价对象。

依据上述构建的指标体系,从国家《地表水环境质量标准(GB 3838—2002)》中地表水环境质量标准中选出这 7 项水环境质量指标的标准等级区间,在每个等级区间(包含劣 V 类)内随机生成各 50 个样本。评价样本即由两部分组成:《地表水环境质量标准(GB 3838—2002)》中的标准样本 5 个和随机样本 300 个,共 305 个。将已知水环境质量等级的 305 个样本作为训练样本,对支持向量机的分类器进行训练,将训练得到的分类器对 5 个断面 2008~2012 年实际的水环境质量进行分类(断面 7 个指标的数据均来自于长江水利委员会水文局水质年鉴),得到 2008~2012 年 5 个监测断面水质评价等级频次如表 2.37。

表 2.37 2008~2012 年 5 个监测断面水质评价等级频次

等级	寸滩	清溪场	万州	奉节	庙河
I 类	0	0	0	0	0
II 类	1	0	1	1	1
III 类	36	48	53	55	59
IV 类	22	12	6	4	0
V 类	1	0	0	0	0
劣 V 类	0	0	0	0	0

对评判结果进行分析,可以得到以下结论:①在这 5 个断面中,寸滩的污染最为严重;②三峡库区水环境整体情况良好,以 III 类水居多,其中寸滩和清溪场水环境质量判别评价等级主要分布在 III 类、IV 类,万州、奉节和庙河水环境质量判别评价等级主要分布在 III 类,这与实际情况相一致;③距离三峡大坝越近的断面,其水环境质量越好。

2.5.4 小结

（1）运用距离评判理论，本书将23个指标约简到7个，同时使分类的正确率得到了提升。然后本书将得到的石油类、粪大肠菌群、氨氮、TN、TP、挥发酚和高锰酸盐指数这7个指标构建成一个水环境质量评价的指标体系。

（2）依据构建的水环境质量评价的指标体系，结合支持向量机，得到三峡库区水环境整体情况良好，以 III 类水居多，这与实际情况相一致。同时得到距离三峡大坝越近的断面，其水环境质量越好。

第3章 三峡库区不同水位条件下水质变化特征

3.1 Delft3D 模型概述

3.1.1 Delft3D 模型介绍

Delft3D 是由荷兰 Delft 大学 WL Delft Hydraulics 开发的一套功能强大的软件包，主要应用于自由地表水环境（范翻平，2010）。该软件的框架十分灵活，能够模拟二维和三维的水流、水质、波浪、生态、泥沙输移及床底地貌，以及各个过程之间的相互作用。它是目前国际上最为先进的水动力-水质模型之一。它可以用来考察河流、河口和海岸环境的水动力、泥沙运输、形态和水质（栗苏文 等，2005）。

流量模块是 Delft3D 的心脏，它是一个多维的（2D 或 3D）水动力（或运输）模拟程序，这个程序用来计算由于潮汐和气象对曲线的边界拟合网格或球面坐标系施加强迫性所造成的非稳定流动和运输现象。

Delft3D 模型已十分广泛地应用于世界各地，例如俄罗斯、德国、美国、澳大利亚、英国、西班牙、马来西亚等，并且国内也已有过多次成功的应用，例如三江平原、滇池、长江口、渤海湾等（陆仁强，2012）。

3.1.2 Delft3D 模型结构模块

Delft3D 模型系统总共由 7 个模块构成，分别是水动力模块（Delft3D-FLOW）、水质模块（Delft3D-WAQ）、波浪模块（Delft3D-WAVE）、颗粒跟踪模块（Delft3D-RT）、泥沙运输模块（Delft3D-SED）、生态模块（Delft3D-ECO）、动力地貌模块（Delft3D-MOR）（申宏伟，2005）。

水动力模块用来模拟浅水非恒定流，实际上该模块是一个多维水动力学模拟程序。水动力模块综合考虑潮汐、气压、风、密度差（由温度和盐度引起）、紊流、波浪以及潮滩的干湿交替。水动力模块的输出结果可直接被其他模块采用（左书华，2007）。Delft3D 模型模块组成如图 3.1 所示。

3.1.3 Delft3D 模型部分模块介绍

Delft3D 网格生成模块（Delft3D-RGFGRID）主要是为 Delft3D 流量模块（Delft3D-FLOW）创建、修改、可视化正交曲线网格，曲线网格应用于有限差分模型。RGFGRID 的网格坐标可以是笛卡儿坐标系（以 m 为单位）和球形坐标系（十进制）。Delft3D 可通过边

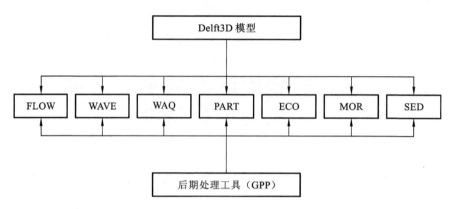

图 3.1 Delft3D 模块结构

界贴体坐标,在计算区域内生成正交的贴体曲线网格,贴体网格具有准确贴合陆地边界及网格布置快捷灵活的特点,同时也克服了矩形网格拟合边界差的缺点,通过坐标转换,将复杂的边界问题转化为规则长方形域内的问题求解。

构建一个合适的曲线网格并不是一件容易的事,好的网格必须满足几点要求:曲线网格尽可能地与所要模拟区域的边界(即水-陆地边界)相贴合;曲线网格必须尽可能地正交,在远离封闭边界的区域要满足余弦值小于 0.02,在靠近固定边界的区域,允许有较高的值。网格的间隔在计算区域尽可能的平滑,以减少在有限差分计算中的误差。可以看出,一个网格的好坏将直接影响后面水动力模拟的结果。Delft3D 初始数据生成模块(Delft3D-QUICK)主要用于生成所操作模型的水下地形,它是水动力模块的初始条件。通常来讲,水下地形数据越多,模型的水下地形与实际地形越接近,计算结果就越精确,模拟的效果就越好。地形的参考平面是一个水平面,而地形高程的正方向规定是参考面之下为正,参考面之上为负值。通常情况下,原始数据的来源会有所不同,例如日期、数据样本量、采样点等。Delft3D 初始数据生成模块为了保证样本数据的质量,采用了数据组依次加载的功能。

Delft3D-FLOW 模块是计算水流水动力的主要模块。Delft3D 的其他模块均可采用 FLOW 模块的输出结果。

其中,Domain 中包含 Grid parameters 及 Bathymetry,即网格信息和地形文件,同时也可在 Domain 中设置 Dry points 和 Thin dams,即干点和薄壁坝。Time frame 中可以设置模拟开始和结束的时间以及数值模拟的时间步长。

Process 中可以考虑可能影响水动力模拟的因素,可以选择的成分有:盐度、温度、沉积物、污染物和示踪物,或者是物理过程包括:风、波浪、二次流(仅二维)、潮汐力(仅球面坐标),也可以是人为进程如疏浚和倾倒等。

Initial conditions 是指计算启动时的初始条件,初始条件可以非常简单,例如在整个计算区域设置成统一水深或初始水位文件从前一个计算中获取,也可以利用初始水位文件作为计算的初始条件。

Boundaries 是计算的边界条件,是 Data Group 里最重要的条件,数值模拟的结果很大程度上取决于边界条件。边界条件一般分为两类,一类是 Dirichlet 条件,即第一类边界或开边界,流速或水位变化为一已知函数。另一类是 Neumann 条件,即第二类边界或固定边界,法向流速为零。在 Boundaries 中,可以定义开边界,边界的位置、类型和所有与模拟相关的输入数据,开边界规定的位于河道两端的断面,上游叫做入口边界,下游叫做出口边界,进口断面和出口断面沿边界部分的中间点的边界条件由线性插值确定。在选定边界水流条件时,上、下游边界均可用流量(或流速)和水位(或流速)控制,因此可以存在多种组合情况,比较常见的边界条件是进口断面选用流量(或流速)、出口边界选用水位(或流速)。

Physical parameters 是计算水流的物理参数,其中包括常量、糙率、黏性、地形等子数据组,常量数据组包括重力加速度、水的密度等。糙率数据组可以选择糙率常量或糙率文件,糙率常量可以用 White-Colebrook 糙率、曼宁糙率和谢才糙率表示,分为 U 和 V 两个网格方向。糙率数据组还可以设置墙即固定边界的糙率,固定边界的糙率分为 free、part、no 三种。风、泥沙、地形数据组根据 process 中选定的具体影响因素给定相应的数据。

Delft3D 可视化模块(Delft3D-GPP)主要是利用后处理程序 GPP 为 Delft3D 各个子模块提供生成各种类型的数据文件服务。通过提供的数据访问接口,可以选择和显示计算结果及实测的各项数据。

3.1.4 基本原理

动量守恒、能量守恒和质量守恒是水动力模型的基本规律,但是在实际计算当中,应用这些守恒方程进行计算大时间尺度和空间尺度的水体的数值解,依然存在很多困难,所以简化方程是比较实际的一种做法。目前,在地表水模型中应用广泛的近似条件有:布辛涅斯克假定、静水压假定。在应用这些假定时,也要注意它们的适用性。

目前河流、河口、湖泊和近海等水体的研究都有浅水适用的特点,所谓浅水特性,是指水平运动尺度 L 远大于垂向运动尺度 H:$H/L \ll 1$,浅水特性对于大多数河流河口、湖泊和近海都是合理的。当 $H/L \leqslant 0.05$ 时,通常就可以采用浅水近似。布辛涅斯克假定、静水压假定、准 3D 假定分别反映了浅水近似的不同方面。

1. 布辛涅斯克假定

在进行地表水的模拟过程中,通常假定流体是不可压缩,即密度不随压力变化。布辛涅斯克假定中,密度与压力无关,除浮力项和重力项,水体的密度变化可以忽略,而浮力仅受密度变化的影响。这个假定对于大部分水体都是适用的,水流被视为不可压缩的水体。

2. 静水压强假定

大部分水体符合浅水特性,这可以推导出水动力学中常用的静水压强假定。静水压强认为垂向压力梯度与浮力相平衡,则垂向加速度是可以忽略的项。静水压强反映了垂向压力梯度和垂向密度分布的关系,大多数二维和三维水动力模型都采用这一假定。

水动力过程是地表水系统的重要组成部分。根据浅水特点及布辛涅斯克假定,Delft3D-FLOW 模型求解了关于不可压缩流体的纳维-斯托克斯方程,在垂向动量方程中不考虑垂直加速度因素,从而得到了静水压条件下的流动关系。平面上 FLOW 采用正交贴体曲线网格,支持两种坐标系统,笛卡尔正交坐标系以及球形坐标系。

3.2 香溪河流域水质变化特征

3.2.1 香溪河研究区域概况

1. 自然地理特征

香溪河又名昭君溪,位于湖北省西北部,是长江三峡水库湖北库区最大的一条支流(其在三峡水库中的位置如图 3.2 所示),河流由北向南,全流域跨东经 110°25′~111°06′,北纬 31°04′~31°34′,发源于湖北省神农架骡马店,流经兴山、秭归两县向南至香溪汇入长江干流。在兴山县城以上,有古夫河(又名深度河)和两坪河(又名白沙河)两条支流,兴山县城以下,河道右岸有台地,地势渐趋平缓,河谷略见开阔,下游左岸的大峡口,有高岚河汇入。香溪河入江口距三峡坝址三斗坪约 32 km。香溪干支流坡降大,干流河长 110 km。上游地势高峻,海拔在 2 500 m 以上,局部达 3 000 m,河道流经峡谷,坡陡水急,天然落差达 1 000 m。

图 3.2 三峡库区香溪河及其有关观测站点位置图

2. 香溪河水文气象特征

香溪河流域面积 3 099 km²,属典型山区季节性河流,全年径流量为 19.56×10⁸ m³,平均流量 65.5 m³/s。由于年际之间降水时间分布不均匀,随机性较大,蓄水之前整个河段的河水暴涨暴落现象非常明显,河流溪涧性特征显著,洪峰历时通常为 2~3 d。自 2003 年 6 月三峡水库下闸蓄水至今,香溪河随着坝前水位的抬升河水加深,从河口向上游形成的回水区范围为:135 m 水位时约 24 km、156 m 水位时约 30 km,175 m 水位时约 40 km。河道也显著加宽,水面宽从蓄水前不过数十米扩展到数百米,在黄洋畔渡口段最宽处达 600 m 左右,由于受水库干流回水的影响,香溪河回水区没有再出现水位的急起急落,汛期断面最大流速在 0.13 m/s 以内,水流平缓,回水区河道水文形势发生了明显变化，水体由河流水体转变为类似湖泊水体（缓流水体），形成了回水水域的"平湖"生境。

香溪河流域属于湿润亚热带大陆性季风气候，其特征为春季冷暖多变，夏季雨量较集中，常有暴雨和伏旱，一般秋季多阴雨，冬季多雨雪，气温垂直变化明显，年平均气温为16.6℃。主要特点表现为：地势高差大，地形复杂，四季分明，雨量充沛，且小气候十分明显。海拔较低地区，夏长冬短、无霜期较长，为272 d左右；夏季较炎热，历史记载上曾出现极端最高气温达43.1℃，冬季较温暖；海拔较高地区，气候温暖，雨量比较充沛，无霜期为215 d；高山地区，冬长夏短，冬季严寒，极端最低气温达－9.3℃，无霜期为163 d。

香溪河流域降雨和水力资源均十分丰富，年均降水量为1 015.6 mm，绝对降水量充沛。流域降雨主要集中在夏季，占全年降水量的41%，每年4～10月通常有暴雨出现，从4月份开始，随着降水量的增加，河流开始逐渐进入汛期，汛期降水量占全年降水量的68%左右，一般以7月份为降雨高峰，10月份以后开始进入枯水期。

3. 香溪河污染概况

香溪河点污染源主要包括沿岸工业污染源和两岸集镇居民生活污水两方面。尤其上游高阳镇及古夫镇附近集中了香溪河流域的大部分工矿企业，未处理的工业废水为工业污染负荷的主要来源，排放量约5 820.5 t/d；沿河两岸居民排放是生活污水的主要来源，按照城镇居民生活废水污染源人均排放污染物指标计算，香溪河接纳集镇居民生活污染物情况为：化学耗氧量528.26 t/a、氨氮15.77 t/a、TP 13.65 t/a、TN 16.34 t/a。高阳镇附近集中了香溪河流域的大部分工矿企业，平邑口至峡口河段蓄水前分布着两个黄磷厂，生活污水和工业废水排放对河流水质污染更加严重，使得香溪河的水质呈现恶化的趋势。

香溪河面污染源主要包括香溪河流域内蕴藏着丰富的磷矿、煤矿资源，其中磷矿储量3.57亿t，储量大、品质优，是中国三大富磷矿区之一，磷矿开采、加工也是该地区的支柱产业之一。由于磷矿岩体受地表径流的侵蚀，开采中磷的流失与矿坑废水的排放，沿岸肥沃土质与农作种植、牲畜养殖粪便受雨水冲刷，以及水库蓄水后的融溶、浸蚀等影响，主要构成了水体中磷、氮面源污染负荷。

三峡水库蓄水前，香溪河上游年均来流量较大，对排入的污染物尚有较强的稀释能力。水库蓄水以后，随着坝前水位的抬升及长江干流水体倒灌的影响，香溪河形成库湾回水区，过水面积逐步增大，水体流速日益减缓，水体滞留时间增长，与长江干流的水体交换能力减小，大量营养物质在库湾中富集，为香溪河库湾藻类的大量生长提供了营养条件，并发生富营养化且连续几年出现了水华现象。

4. 测站概况

在香溪河上游分布着三座水文站：兴山（二）站、南阳站、古夫站，站点位置如图3.2所示，研究区域划分见图3.3。

3.2.2 Delft3D模型构建和水动力模拟

1. 计算区域的网格生成

Delft3D的Delft3D-RGFGRID网格生成模块，可以生成用于Delft3D各类模块的尺寸可变的正交曲线网格。网格尺寸可变，便于用户在重点模型区域布置较高密度的网格，而在与之远离的模型边界区域网格密度采用较低密度的网格，以此减少计算量。此外，网

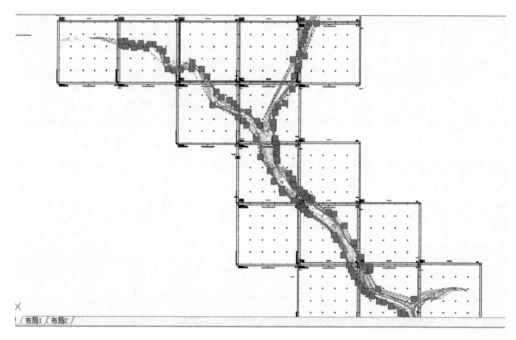

图 3.3 研究区域 CAD 划分图

格线可以沿陆地边界和渠道弯曲,能达到和边界的光滑嵌合,Delft3D-RGFGRID 网格生成模块允许分步生成网格。先将网格进行大致的样条划分,而后把样条转化成粗疏的网格,然后再采取平滑加密。在整个过程当中,可以随时生成正交网格。曲线网格采用笛卡尔坐标系。研究区域的边界和区域分割见图 3.4、图 3.5。

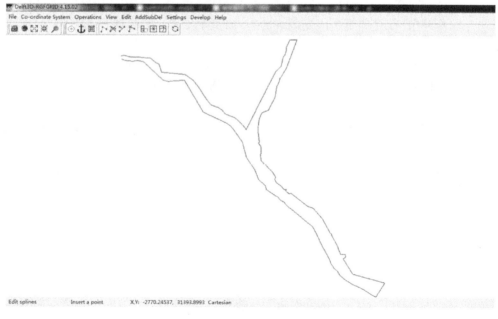

图 3.4 研究区域的边界

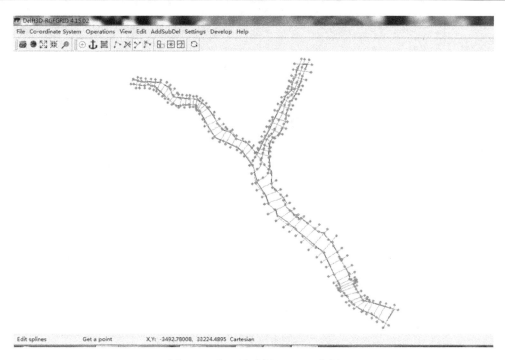

图 3.5　将区域进行 Splines 分割

网格的质量很大程度上取决于它的正交性和平滑程度,因此还要检查网格的正交性和平滑程度等情况,如果不满足要求则进行局部调整。关于网格的正交性的要求,在河道的中间区域网格的正交性必须满足节点夹角的余弦值小于 0.02;在边界区域,可以允许出现较高的值。而对于网格的平滑性要求,则要求网格的纵横比在[1,2]。其中以满足网格的正交性为主。网格的正交性如图 3.6 和图 3.7 所示。

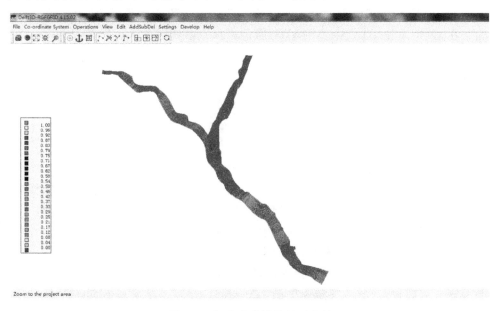

图 3.6　初步生成网格的正交性

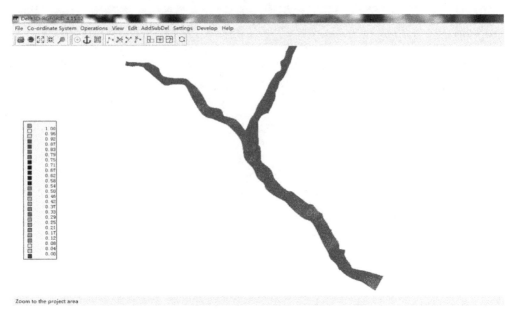

图 3.7 优化后网格的正交性

初步生成的网格正交性不好,然后进行进一步的优化。

正交性检验:一般来说,网格相交线的余弦值要小于 0.02。由图 3.7 可见,优化之后,大部分网格相交线的余弦值小于 0.02,靠近边界的一些网格高于这个标准,可以接受。整体符合要求。

最后生成的网格数=12×30×170=61 200。

2. 计算区域的地形生成

将 CAD 中计算区域的高程点坐标,利用 Fortran 程序导出,保存为散点格式文件(.xyz)。在 QUICKIN 模块中将其导入后用 operation 中的三角插值选项(triangular interpolation)进行插值,再选择内部扩散(internal diffusion),使每一个网格点都能得到相应的地形值(图 3.8)。

然后进行散点插值,因为网格节点数多于散点数,所以采用三角插值方法(图 3.9),生成的地形图见图 3.10。

3. 数据来源与处理

数据的来源主要为工程的地形资料和来自南阳、兴山(二)、古夫水文站的水文实测资料,水文资料包括 2008~2013 年的逐日平均水位表、逐日平均流量表。地形资料为模型网格边界和网格地形提供依据,水文数据资料作为水动力学的计算和验证的条件。

为了验证模型的正确性,需要在河道中选定一些断面,由断面实测数据来验证计算结果。由于计算河段上没有水文测站,缺少实测资料,因此考虑由上游和下游的水文站的水文观测资料向计算河道内的断面进行插值,以得到的水文参数为依据对模型的准确性进行初步验证。因此,从上游至下游选取了 7 个断面。将相关的水位等实测资料插值至这 7 个断面进行数据处理,以供模型验证时使用。

第 3 章 三峡库区不同水位条件下水质变化特征

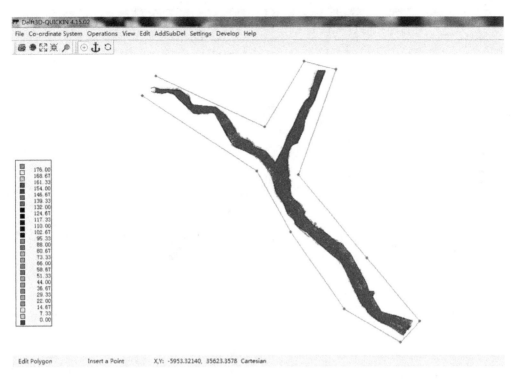

图 3.8 引入地形散点

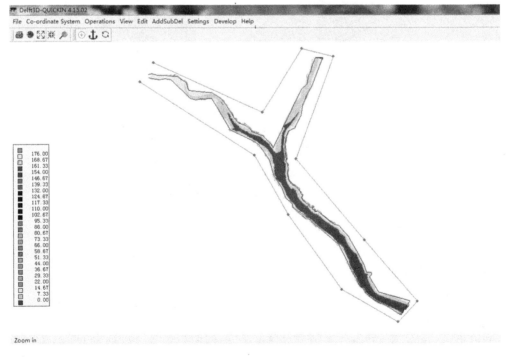

图 3.9 三角插值

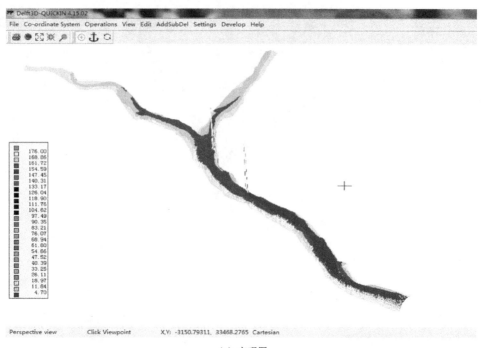

(a) 宏观图

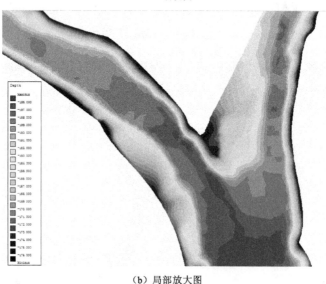

(b) 局部放大图

图 3.10 生成的地形图

4. 模型参数取值

在 Delft3D-RGFGRID 中生成网格以及在 Delft3D-QUICKIN 中生成地形文件之后，就可以在 Delft3D-FLOW 的 Data Group 中进行模型参数的取值。

(1) 在 Domain 中，导入计算网格及地形文件，同时将计算层数设为 1 层。

(2) 在 Time frame 中设置丰水期的计算时间，同时也要设置时间步长，时间步长的选取对数值计算的收敛性和稳定性有很重要的影响。由于大部分情况下网格稳定性都不存在问题,因此时间步长的取值通常只跟计算精度有关。计算精度与克朗数的取值有很大关系。可以估计时间步长的取值,本次计算时间步长取为 5 min(图 3.11)。

图 3.11　时间跨度

(3) 初始条件(Initial conditions)见图 3.12。

(4) Boundaries 中,边界条件上游进口给定流量时间序列,下游出口给定水位时间序列。

(5) Physical parameters 中常量值重力加速度为 9.81 m/s², 水的密度为 1 000 kg/m³。底部糙率根据可研报告给定的资料,取为曼宁糙率 $U=V=0.043$。水的水平紊动黏性系数取为 1 m²/s,水的水平紊动扩散系数为 10 m²/s。

(6) Numerical parameters 中设置数值网格的格式,干湿点的检测在水位点和速度点进行,水位点处的地形取为周边四个网格角点的最大值,临界水深取为 0.01 m,当水位小于临界水深的一半时,则认为是干点。

有关参数的选择过程见图 3.12 和图 3.13。

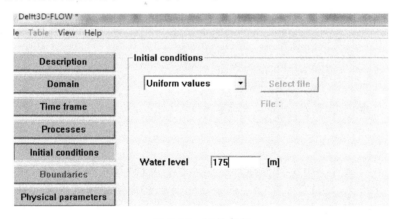

图 3.12　初始条件

5. 可行性验证

为验证模型的准确性,用 2013 年的水位数据进行验证运行,计算时间为 2013 年 7 月 1 日到 8 月 30 日,计算的时间步长为 1 min。图 3.14 为兴山(二)断面水位数值模拟计算值与实测资料插值结果,由此可以看出,二值大体相对吻合,模拟的最大水位差位于 25 d 左右。总体来看,该模型具有一定的精度,可以进行后续计算。

推测水位模拟结果不是很好的原因:选取研究的河道干流在中游有一股较大支流进入,使得断面形态发生变化,造成了水文场的复杂,使结果存在一定误差;边界的网格划分不很精确;部分参数有待进一步优化。

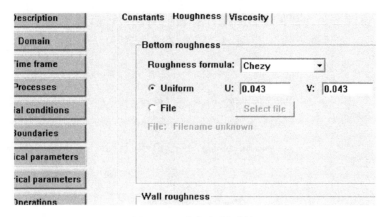

图 3.13 底部粗糙系数

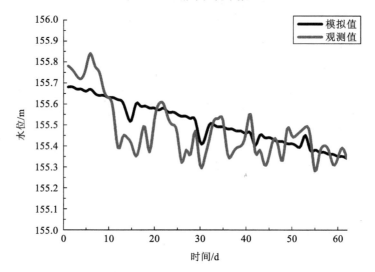

图 3.14 2013-07-01 至 2013-08-30 期间香溪河兴山(二)断面水位模拟值与实际值的比较

3.2.3 水动力分析

经过验证的模型可以用于分析和研究香溪河水位、流量等参数的时间变化特征,得到流场的时空变化情况,以及蓄水情形下的香溪河与长江来水之间的水情关系。

1. 2013 年汛期计算

2013 年汛期计算的时间从 7 月 1 日到 8 月 31 日,共 61 d,时间步长取为 2 min,通过 QP、GPP 模块调出流场的地图文件进行水动力特征的分析。模型设定的入口来水及出口边界条件如图 3.15 所示。

从图 3.16 和图 3.17 可以看出,汛期时候的水深较浅,在 20 m 以下,个别点的水深较深,比如两条河汇集之后的一段。

在汛期香溪河呈"河相",上游来水的流量波动大,不时会出现几次洪峰,下游水位在 155.5 m 处上下波动,变化幅度不大,推测是因为下游河道变宽变平坦,而且三峡库区整体处在低水位运行,泄洪顺畅;由平面流场图(图 3.18)可以看出,沿河道同时存在往上游和往下游的水流,两股水流相互交汇,此时库区干流对香溪河流出的阻滞影响已可看出;

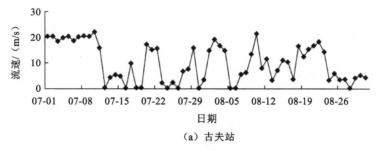

(a) 古夫站

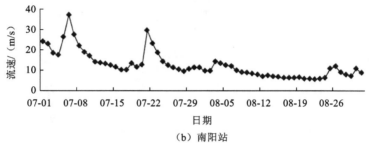

(b) 南阳站

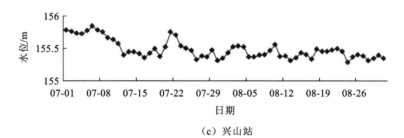

(c) 兴山站

图 3.15 汛期各监测站的水文过程

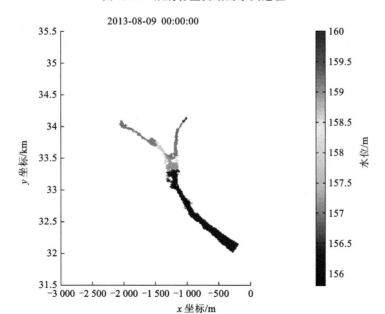

图 3.16 汛期某时刻水位图

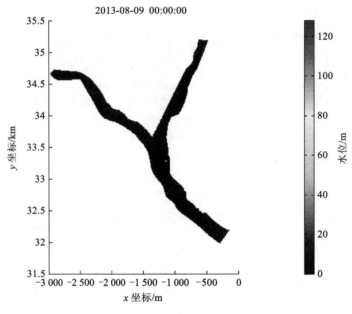

图 3.17 汛期某时刻水深图

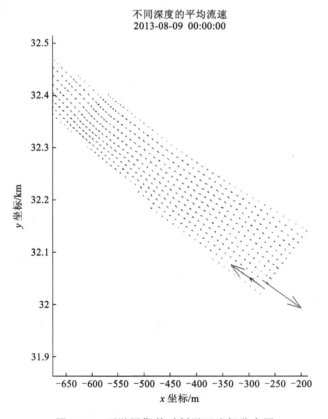

图 3.18 下游汛期某时刻平面流场分布图

香溪河在汛期流速较大,最大流速出现在进口束窄段,以及两条河流汇集之后中部的弯曲段,河道顺直部分的流速比较均匀,下游河段保持较大的均衡流速。

2. 2013 年蓄水期计算

2013 年蓄水期计算的时间从 9 月 20 日至 10 月 20 日,共 31 d,时间步长取为 2 min(图 3.19),模拟前参数的设置在汛期的模型建立基础上做一些河流在蓄水期的改变。模型设定的入口来水及水位如图 3.20 所示。

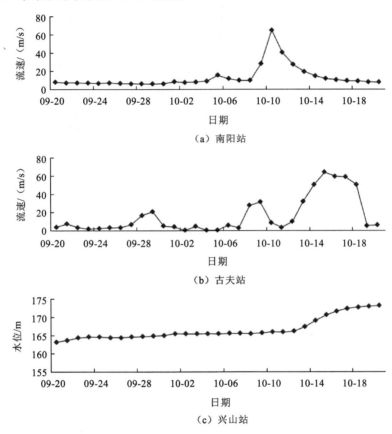

图 3.19 蓄水期各监测站的水文过程

从图 3.20 可以看出,随着三峡库区蓄水期的进行,香溪河主干道的水位也在逐渐升高,到 10 月底已经接近 175 m 的蓄水位,在蓄水期香溪河"河相"已不明显,具有了"湖相"的特征;上游来水的流量波动变小,下游水位在平稳上升,这是受库区蓄水期影响,库区水位慢慢抬升使得支流的水位也缓慢抬升;从流场分布图(图 3.21)可以看出,在下游,河道平面上水流出现了"涡旋",每隔一段距离就会出现,此时水流停滞不前,形成了回水区,汇入长江的流速已几乎为零,普遍小于 0.01 m/s,这是受长江水位抬升影响,支流入江受阻,水流变得十分缓慢。总体上来说,处于蓄水期的香溪河水位缓慢抬升,香溪河处于趋向静止的状态,形成了回水区。

3. 结论

(1)构建模型的水位计算结果并不是很理想。原因有以下几个方面:水文测站的具

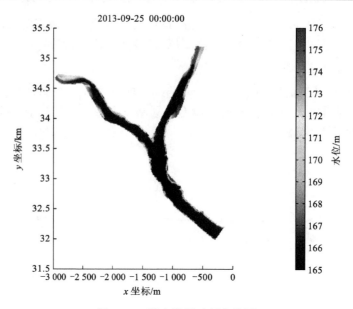

图 3.20　蓄水期某时刻水位图

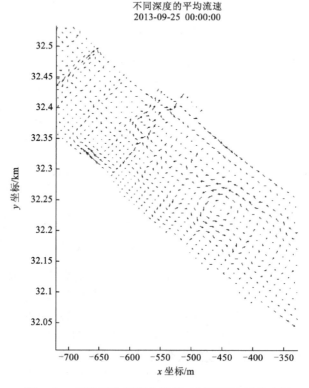

图 3.21　下游同位置蓄水期某时刻平面流场分布图

体位置不够精确,与实际地形图上有差别,一开始就有误差;取的河段是一条支流汇入香溪河干流,造成了水文场的复杂。

(2) 在汛期香溪河呈现典型的"河相",流速较大,下游河段保持较大的均衡流速。但由于库区干流对香溪河流出的阻滞影响,沿河道已存在同时往两个相反方向流动的水流。

(3)在蓄水期香溪河的"湖相"化趋势明显。上游来水的流量波动变小,下游水位在平稳上升。同时受长江水位抬升影响,支流入江受阻,水流变得十分缓慢,在下游河道平面上水流出现了多个"涡旋",此时水流停滞不前。总体来说,处于蓄水期的香溪河水位缓慢抬升,水流趋于静止,形成回水区。三峡库区蓄水对支流的水文有较大影响,在蓄水期尤为明显,一旦有污染物排入其中,缓慢的流速将使污染物尤其容易滞留在回水区,对香溪河水质具有严重威胁。

3.2.4 香溪河水质模拟

1. 水质模型启动

由于监测数据所限,本书选取 $NH_3\text{-}N$ 水质指标进行模拟计算和分析。综合考虑水质监测时间,模拟时间从 2013 年 1 月 10 日至 12 月 20 日。水质模拟过程中时间步长设定为 10 s。模型水动力采用冷启动方式,即全区域初始流速设定为 0 m/s,水位采用 0 m(即黄海高程 306.5 m),水温设定为 15 ℃。

2. 水质模型率定验证

参数率定是构建模型的关键步骤,通过实测数据与模拟数据对比分析从而调整模型中的部分关键参数,使模拟值与实测值贴近。模型初始参数值是通过相关文献和国内模型应用实例确定。根据水质监测数据量,本书采用 2013 年 3～7 月水质监测数据进行参数率定。

相关程序运行过程见图 3.22。

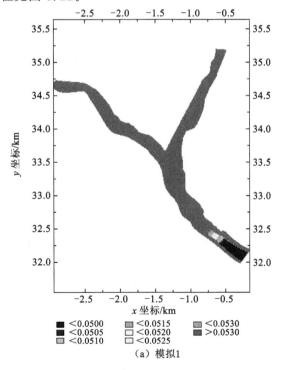

(a)模拟1

图 3.22 程序运行过程

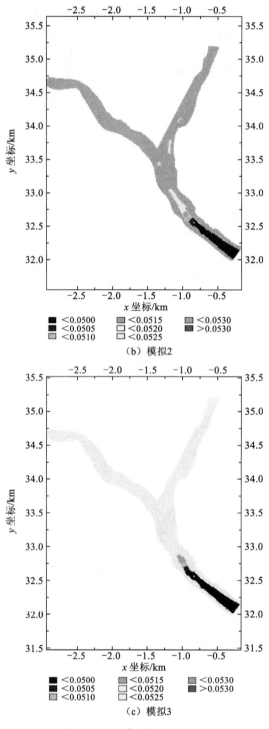

(b) 模拟2

(c) 模拟3

图 3.22 程序运行过程（续）

表 3.1 列出了模型参数率定过程中香溪河上、中、下游 NH_3-N 浓度的模拟值和实测值的对比及两者的相对误差分析，上、中、下游 NH_3-N 模拟值平均相对误差分别为

19.86%、29.28%、26.14%,总的平均相对误差为 25.09%。从模拟结果看,模拟值与实测值吻合度较高,且上游的模拟稍优于中、下游,造成该现象的原因可能是由于本书中对氮类指标模拟不完全对 NH_3-N 模拟影响较大。

表 3.1 NH_3-N 浓度验证相对误差分析

监测日期	相对误差(上游)	相对误差(中游)	相对误差(下游)
2013-03-16	9.24%	19.83%	17.35%
2013-04-08	15.46%	26.87%	29.64%
2013-05-10	25.67%	38.49%	16.19%
2013-06-20	22.37%	31.69%	33.92%
2013-07-18	26.76%	29.61%	33.76%

3. 污染物模拟分析

污染物进入水体后,一方面随水流迁移扩散,另一方面在迁移中受到水力、水文、物理、化学、人为等因素的影响,产生稀释以及物理、化学、生物等方面的变化,所以在河流的流动中产生的污染范围也随着时间变化。本书拟采用二维水质模型模拟分析污染物随着时间在河段上的分布情况。

在河段最上游设置一个工厂排污点,中心排入河道,污染物设为 NH_3-N,排放流量为 100 m^3/s,质量浓度为 100 mg/L。按照一个白天排放 12 h 计。

步骤:(1) 将 Flow 模块耦合进入 Waq 模块,成为水质模拟的基础依据;

(2) 进入 Process 模块,选择 process 物质:NH_3-N,进行一系列的设置,在这里主要考虑水文作用和硝化作用;

(3) 定义输入文件,确定初始条件、时间范围、边界、排污点设置等;

(4) Start 定义好的文件,如有错误,重复上述步骤。

部分参数条件设置见图 3.23。

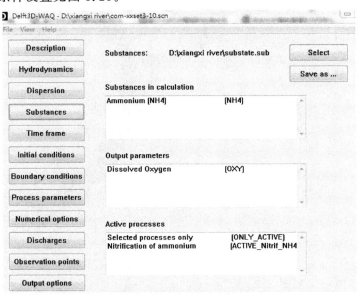

图 3.23 部分参数条件设置

程序运行界面

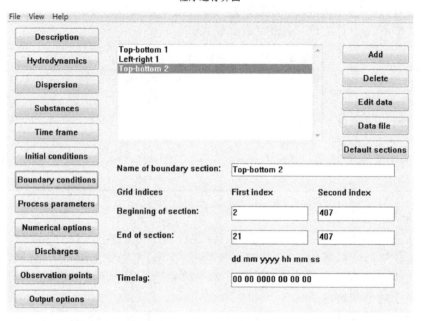

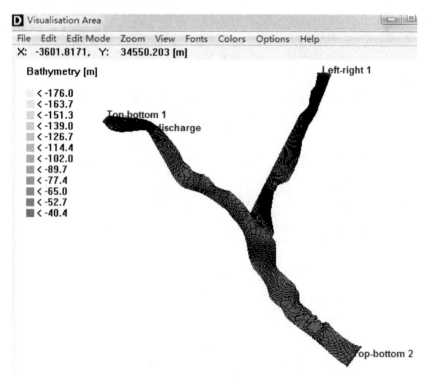

图 3.23　部分参数条件设置（续）

软件运行模拟结果如图 3.24 所示。

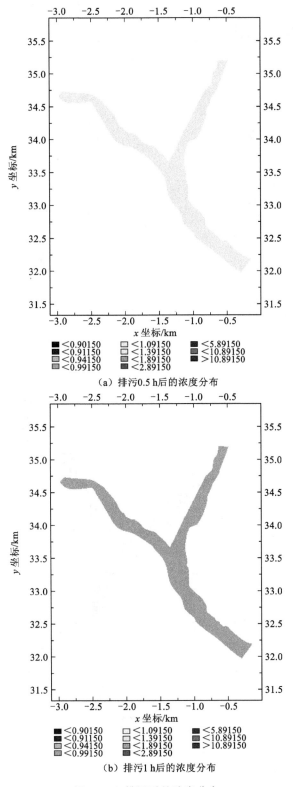

图 3.24 排污后的浓度分布

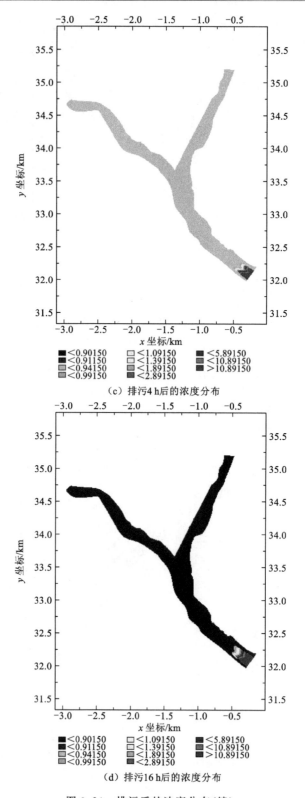

(c) 排污 4 h 后的浓度分布

(d) 排污 16 h 后的浓度分布

图 3.24 排污后的浓度分布（续）

第3章 三峡库区不同水位条件下水质变化特征

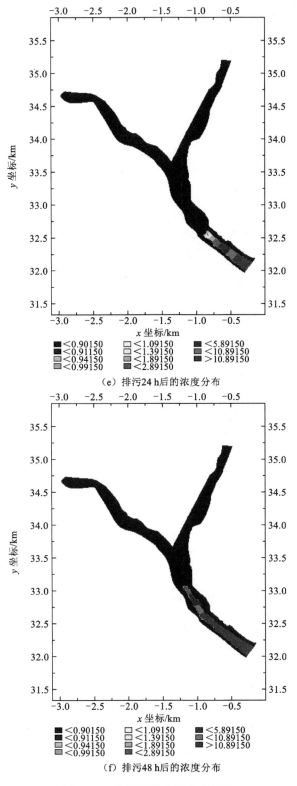

图 3.24 排污后的浓度分布（续）

图 3.24 的斑区表示污染物运移之后的影响范围。从这一系列的图示可以看出,在停止排污后的短时间内,虽然污染物的影响范围大,但是整个河段的 NH_3-N 浓度并不高,说明稀释速度快,这是因为从河道中心排放,中心流速快,上中游的河道相对较深,而河道宽度不太大,而上游来水充沛,加之河道还有一个转弯,加大了流速。这有利于污染物的稀释和河流的自净。

整个河段的污染物浓度随着时间在逐渐降低,但是在排污停止 4 h 后,下游断面的 NH_3-N 浓度突然出现了升高的现象,且升高的范围逐步向上游缓慢上溯,且上溯的速度越来越慢,至 48 h 后变化幅度已然很小。出现这种现象,推测是因为下游河道变宽,甚至碰到了面积很大的库湾,河深变浅,这会导致水流流速急剧降低,甚至在原地徘徊,使得污染物扩散不出去,稀释变慢,河流自净能力下降。

结合上一节的水文模拟分析,可以知道:由于长江蓄水的顶托作用,香溪河的下游水流流速变得极为缓慢,水流停滞不前,甚至已经出现了流速向上游的情况,很容易形成回水区和库湾。这就是导致 NH_3-N 不能及时下游扩散,反而往回上溯的现象的原因。

3.2.5 小结

(1) 构建模型的水位和水质计算结果都有一定误差。原因有以下几个方面:水文测站的具体位置不够精确,与实际地形图上有差别;取的河段是一条支流汇入香溪河干流,造成了水文场的复杂;对于 NH_3-N 指标模拟不完全,有一些因素尤其是生物方面的因素没有加以考虑进来,造成一定误差。

(2) 在汛期香溪河呈现"河相",流速较大,下游河段保持较大的均衡流速,但沿河道已存在同时往两个相反方向流动的水流;在蓄水期香溪河的"湖相"化趋势明显。受长江水位抬升影响,支流入江受阻,水流变得十分缓慢,总体来说,处于蓄水期的香溪河水位缓慢抬升,水流趋于静止,形成回水区。

(3) 香溪河的水动力条件在水质状况中起到了决定性的影响,流量、流速、排放方式都会很大程度上影响水环境。对 NH_3-N 的跟踪模拟表明,一旦有大量污染物排入香溪河,污染物容易停留在回水区,继而引发富营养化等环境问题,威胁香溪河水质安全。

3.3 大宁河研究区水质变化特征

3.3.1 研究区域概况与数据来源

大宁河流域跨东经 108°44′~110°11′,北纬 31°04~31°44′,位于三峡库区腹心。大宁河是三峡水库库区的一条典型支流,流域面积达 4 045 km² (图 3.25),年均温度为 16.6 ℃,年均降雨量为 1 124.5 mm,属湿润的亚热带季风气候,呈四季分明,夏热伏旱,冬暖春早,秋雨多,湿度大等特征。由于大宁河流域属于多暴雨区,河沿岸以农业为主,多施化肥,如 2014 年巫山农用化肥施用量(折纯)19 624 t。三峡库区蓄水后,大宁河于 2003 年 6 月,在双龙地区首次发生蓝藻水华,接下来的多年间,大宁河回水区水华时有发生。

本书模拟区段大宁河大昌水位站到巫峡口 26 km 河段位于三峡大坝上游约 125 km 处,受三峡水库蓄水影响显著。在三峡水库蓄水前,该区段全部处于天然状态,落差较大,水流速度较大;在三峡水库蓄水后,该区段水文情况有较大的改变,受到长江回水顶托影

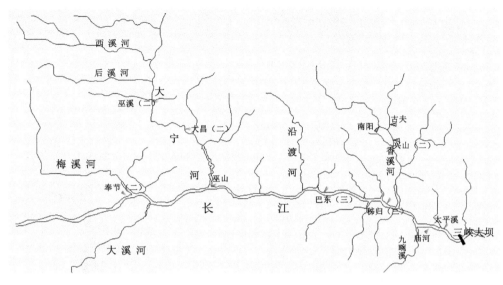

图 3.25 三峡库区大宁河流域水系图

响,河水流速大大变缓,河面增宽,河道成葫芦连接状。该区段流速处于准静止状态,是历年水华爆发的主要区段。

本书涉及数据均来自三峡水库各水文监测站的监测数据。因研究区域在大宁河大昌到长江口这一段,故主要采集的是大昌(二)水文站和下游巫山水文站的监测数据,其 2011～2013 年的源数据分类见表 3.2。

表 3.2　大宁河 2011～2013 年的源数据

分类	具体内容
流量数据	2011～2013 年大昌(二)站日均流量
	2011～2013 年巫溪(二)站日均流量
水位数据	2011～2013 年大昌(二)站日均水位
	2011～2013 年巫山站日均水位
特征值	2013 年大宁河下游三个断面特征值
大宁河地形图	dwg 格式带高程的地形图

3.3.2　Delft 3D 的网格创建与水动力模拟

1. Delft 3D 的网格创建

Delft 3D-RGFGRID 网格生成模块可以使用笛卡儿坐标系和球面坐标系,允许分步生成网格,并调整其正交性。在整个创建过程中,运用 Splines 曲线勾勒出的大宁河大昌到长江口段的边界见图 3.26(a)和图 3.26(b)。对于余弦值大于 0.02 的区域,进行手动调整,以使其正交性得到改善。图 3.26(c)为优化调整后的网格,图 3.26(d)为局部网格放大。

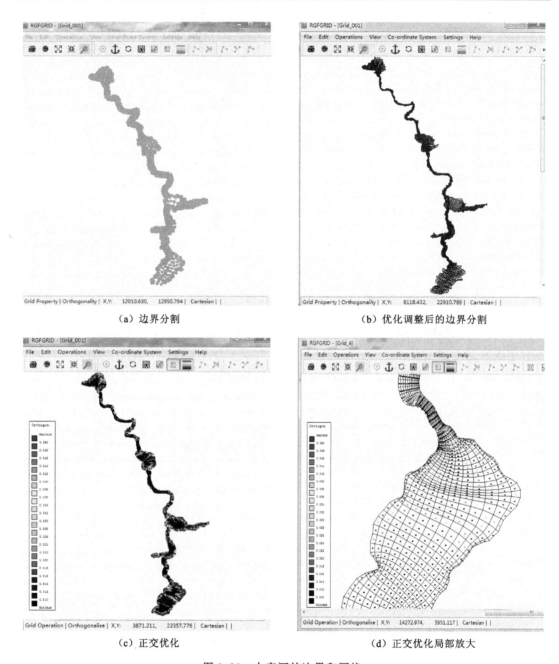

(a) 边界分割　　　　　　　　　　(b) 优化调整后的边界分割

(c) 正交优化　　　　　　　　　　(d) 正交优化局部放大

图 3.26　大宁河的边界和网格

2. 地形生成

在 QUICKIN 模块中将 .xyz 文件导入后用 operation 中的平均插值选项（grid cell averaging）对大宁河大昌到长江口段的地形进行插值。具体过程是先选择内部扩散（internal diffusion），使每一个网格点都能到相应的地形值，然后进行散点插值。插值所获的地形高程图及其三维效果图见图 3.27。

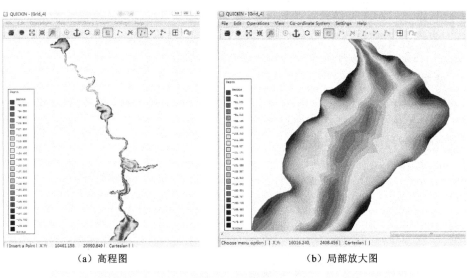

(a) 高程图　　(b) 局部放大图

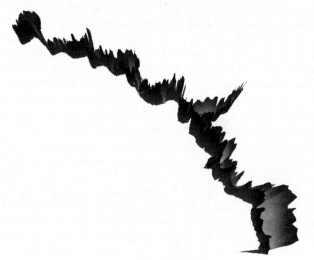

(c) 地形三维效果图

图 3.27　大宁河区域地形高程图

3.3.3　结果与讨论

1. 参数设置

在水动力模拟环节,主要是在加入高程后的网格上,设置初始条件和底部粗糙率,然后编辑边界条件。接着设置运行及输出时间选项,检查各种设置后便可以进行初步的水动力模拟。

(1) 初始条件和底部粗糙率设置:初始水位选择中游的水位值,即 160 m。对于大宁河流域的底部粗糙率,没有现成资料数据,参照一般粗糙率范围,三峡库区大宁河相关断面间的粗糙率初始值设置为 0.035。

(2) 时间选项设置:水动力模拟过程中时间步长的选取对数值计算的收敛性和稳定性有很重要的影响,通过多次试验,时间步长取为 1 min;运行时长为 2 个月,即从 2012 年

7月1日开始,运行61 d;结果输出时间步长为1 440 min。

(3) 边界条件设置:根据大昌(二)站和巫山站的日均水位、日均流量,以大昌(二)站的流量序列为输入边界,巫山站的水位序列为流出边界。

2. 模型验证

为验证模型的准确性,对研究河段2013年汛期的水动力特征进行模拟验证分析,模拟时间为2013年7月1日至8月31日,计算的时间步长为1 min,巫山站的水位模拟结果与实际观测值如图3.28所示。

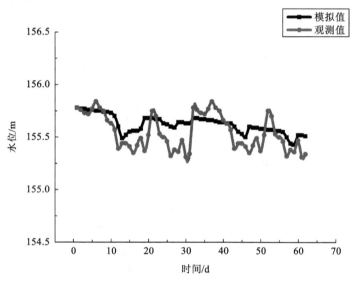

图3.28 大宁河水位值验证

由巫山站的实际观测水位可知,汛期大宁河下游水位比较稳定,在145～155 m波动,而在巫山长江口的水位维持在155 m左右。对比巫山断面水位数值模拟计算值与实测结果,可以看出,模拟与实测二者之间有一定误差,但是整体趋势吻合较好,大部分误差位于模拟的中部时间段和中后时间段。总体来看,该模型具有一定的精度,可以用于水动力模拟。

3. 水动力分析

1) 2013年低水位运行期

2013年低水位期模拟计算的时间从5月1日至6月30日,共61 d,时间步长取为1 min,通过Quickplot模块调出流场的地图文件进行水动力特征分析。该时刻巫山断面的水位是152.74 m,而三峡大坝的坝前水位为152.62 m,此时大宁河巫峡口水位比坝前的水位高0.12 m。

从图3.29(a)可以看出,大宁河低水位期,上游来水流量大,但下游水位在151 m处上下波动,变化幅度不大,同时通过水深图3.29(b)可见,这一段的水深还是较大,而且水深沿河道逐渐增大,上游水深小于20 m,中游水深在20～50 m,下游水深最深处则超过了60 m。说明,在低水位期,研究河段处于接入长江的汇水区,上游来水流量大,而下游河道宽至400 m以上,河水较深,同时下游河道还有几个大库湾,有较大的纳洪能力,而长江干流此时处在低水位,便于支流向干流的汇入。因此,此时大宁河水位变化幅度较小。

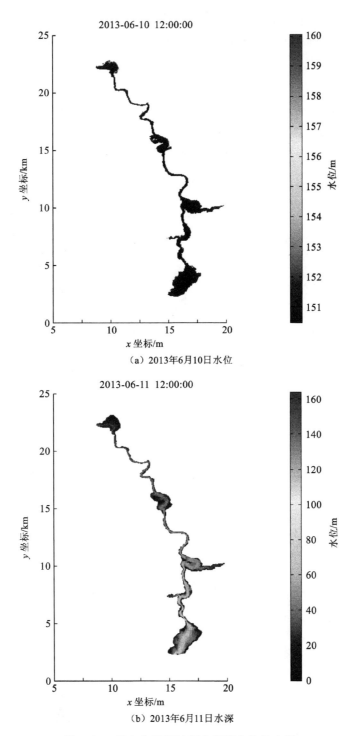

图 3.29 低水位期某时刻大宁河水位及水深

从图 3.30 来看,在低水位期,整个河段的流速在 0.01~0.035 m/s。具体地,上游流速在 0.025~0.035 m/s,中游流速在 0.015~0.025 m/s,下游流速在 0.015 m/s 以下,流速沿河道逐渐降低,且靠近河岸线的流速远低于河道中的流速。从图 3.30 还可以看出,大宁河的几个库湾的流速十分缓慢,均低于 0.01 m/s。

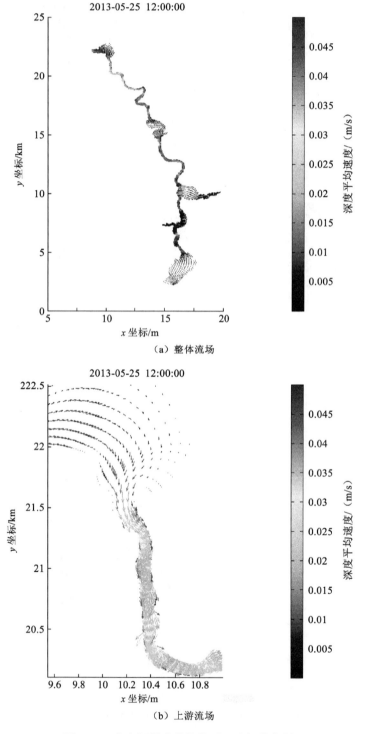

图 3.30 大宁河低水位期的平面流场分布图

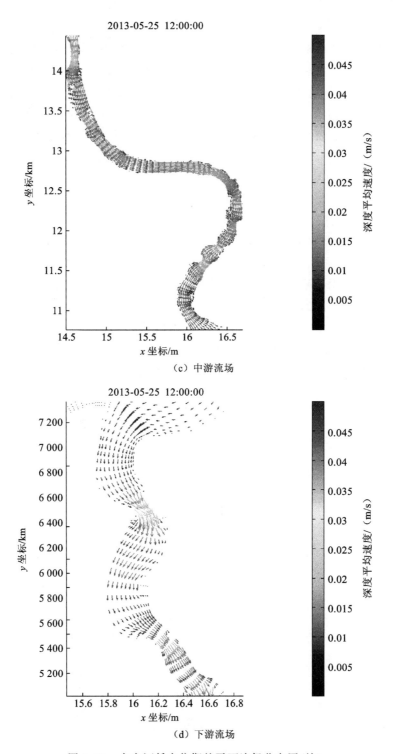

图 3.30 大宁河低水位期的平面流场分布图(续)

2) 2013年高水位运行期

2013年高水位期模拟计算的时间从1月15日至3月31日,共75 d,时间步长取为1 min,模拟参数的设置在低水位期的模型基础上做一定改变。该时刻巫山断面的水位是166.76 m,而三峡大坝的坝前水位为166.77 m,此时大宁河巫峡口水位比坝前的水位低0.01 m。

从图3.31(a)可以看出,在三峡库区的高水位期,大宁河水位维持在165～174 m的高水位,水位变化幅度很小,可以看到研究区域的水位相差不大,说明研究区域都在支流回水区。通过图3.31(b)可以看到,研究区域的水深较大,而且水深沿河道逐渐增大,上游水深在20 m左右,中游水深在20～60 m,下游水深普遍在60 m以上甚至达到80 m。这一结果说明,在高水位期,大宁河的水位处在高水平且变化不大,河道很深,是一段干流水体以倒灌异重流形式进入库湾形成的水库型河道。

从图3.32来看,在高水位期,整个河段的流速在0.001～0.008 m/s,水流十分缓慢,具体来看,上游流速在0.006～0.008 m/s,中游流速在0.003～0.006 m/s,下游流速在0.003 m/s以下,流速沿河道逐渐降低,并且靠近岸线的流速低于河道中的流速。从图3.32还可以看到,大宁河的几个库湾的流速更低,均低于0.001 m/s。可以说明,在高水位期,大宁河整体流速很低,均低于0.01 m/s,可以认为水流基本静止不动,沿河道流速降低,在库湾地区,流速极其缓慢,小于0.001 m/s。此时,水体交换能力很差,这种情况下,水体的自净能力极大地削弱,一旦有污染物排放其中,基本得不到迅速扩散,污染物在库湾地区逐渐积累,因而极易引起水华爆发。

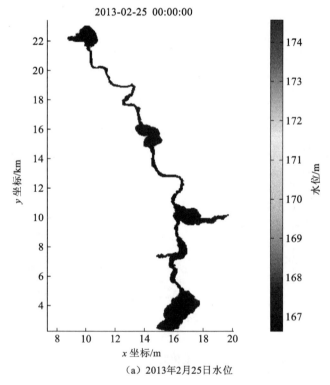

(a) 2013年2月25日水位

图3.31 大宁河高水位期某时刻水位及水深

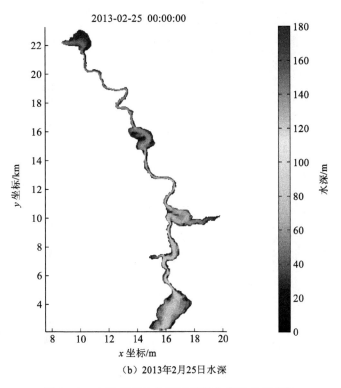

(b) 2013年2月25日水深

图 3.31 大宁河高水位期某时刻水位及水深(续)

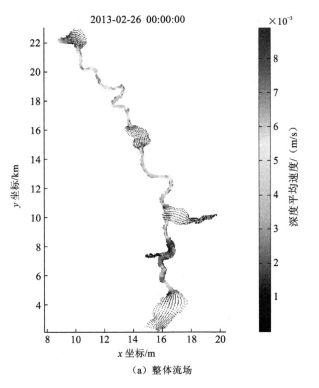

(a) 整体流场

图 3.32 大宁河区域流场分布图

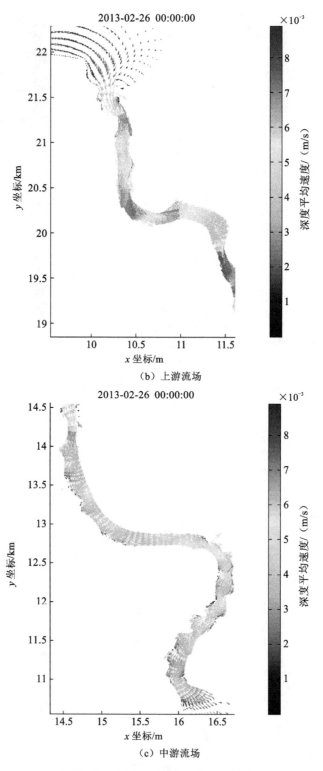

(b) 上游流场

(c) 中游流场

图 3.32 大宁河区域流场分布图(续)

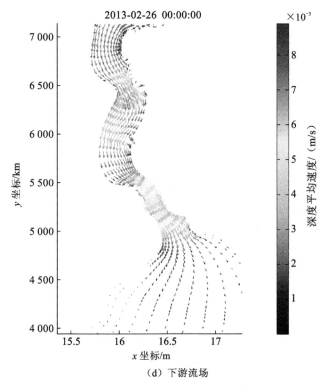

(d)下游流场

图3.32 大宁河区域流场分布图(续)

3.3.4 小结

(1)本书中基于Delft3D所建立的水动力模型可用于分析大宁河水流流场沿河分布情况,有利于详细了解大宁河具体河段与区域的水动力学特征。

(2)大宁河在三峡大坝低水位期水流已处于缓慢状态,在与干流交汇处的库湾已具有湖库的典型特征,水流趋于静止,水体的自净能力大大减小。

(3)大宁河在三峡大坝高水位期水流更为缓慢,库湾回水区在整个高水位运行期都是典型湖相库区,水流已接近静止状态,爆发水华等水环境事故的几率大大增加。

第4章 三峡库区水生态安全评价

4.1 基本术语

4.1.1 水生态安全

在人类活动影响下维持湖泊生态系统的完整性和生态健康,为人类稳定提供生态服务功能和免于生态灾变的持续状态。包含水量安全、水质安全、水生态环境安全和与水有关的经济安全四方面。

4.1.2 生态风险

由于一种或多种外界因素导致可能发生或正在发生的不利生态影响的过程。水生态风险评估的评价对象是水体生态系统,可以是水环境的化学、物理胁迫因子,也可以是水体中的生物胁迫因子,本书研究的对象侧重前者。与单一地点的风险评估相比,流域生态风险评估涉及的风险源以及评价受体等都具有空间异质性,即存在空间分异现象,这就使其更具复杂性。

4.1.3 水生态安全评价

水生态安全评价是从人类对自然资源的利用与生存环境状态的角度来分析与评价生态系统。生存环境状态的改变主要是受社会经济发展活动中所排放的点源污染、非点源污染影响的;自然资源利用主要是防洪、发电、运输、生产、饮用等服务功能。

4.1.4 水生态安全评价的指标体系

指根据科学性、客观性、可比性、实用性、全局性和可操作性原则以及生态安全的内容,综合考虑经济发展水平、人口压力、科技能力和资源生态环境保护以及整治建设能力等方面的重要指标建立的指标体系。

4.1.5 水生态安全评价的方法

数学模型法、生态模型法、景观模型法、数字地面模型法、压力-状态-响应模型以及多目标-多层次的分析结构模型。

4.2 技术路线和思路

通过问题识别摸清三峡库区生态安全主要问题,比选评估模型,进行初步分析论证,在上述内容基础上进行指标优选,构建完备的指标体系。最终通过恰当的综合评估,对三峡库区生态安全进行客观、科学的评估,系统地诊断库区内生态安全存在的问题,为三峡库区干、支流域的生态环境保护提供理论依据和技术支持。

三峡库区水生态安全评估技术路线见图4.1。

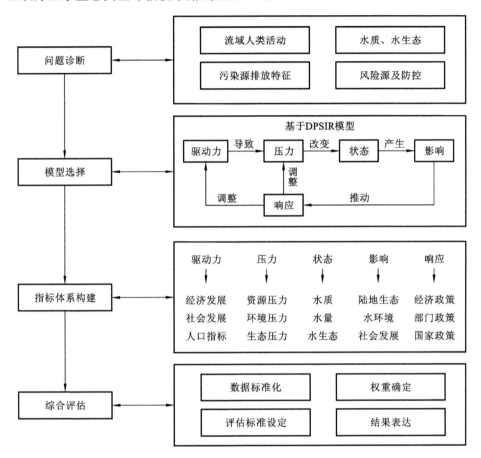

图4.1 湖泊生态安全评估技术路线图

4.3 概念模型

4.3.1 DPSIR模型的发展历史

为了满足生态环境管理和决策的要求,1979年最初由加拿大统计学家David J. Rapport和Tony Friend提出,后由经济合作与发展组织(Organization for Economic Co-operation and Development,OECD)和联合国环境规划署(United Nations Environment Programme,UNEP)在20世纪八九十年代共同发展起来的用于研究环境问题的框架体系,也就是P-S-R(pressure-state-response)即压力-状态-响应模型,该模型在环境质量评价学科中生态系统健康评价子学科得到广泛应用。

1996年在P-S-R框架基础上,为更好地表征非环境指标变量在生态系统健康评价中的作用,联合国可持续发展委员会(Commission on Sustainable Development,CSD)建立了驱动力-状态-响应(D-S-R)框架。该指标体系可操作性强,能用于可持续发展水平的监测并具有预警作用,可为决策者提供重要的决策依据和指导。

1999年在P-S-R框架基础上,为反映社会经济指标,研究社会-生态复杂系统,欧洲环境署(European Environment Agency,EEA)添加了两类指标:驱动力(driving force)指标和影响(impact)指标,最后与压力(pressure)、状态(state)和响应(response)等指标形成了DPSIR模型(图4.2)。

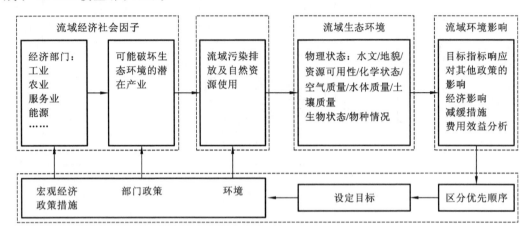

图4.2 DPSIR模型示意图

4.3.2 DPSIR模型的原理、结构

DPSIR模型从人类社会经济系统入手,以人口规模和经济发展等为驱动力,产生用水需求和废水排放方面的压力,然后这个压力作用于水生生态系统和陆地生态系统,这些自然生态系统以自我的调节和恢复能力抵抗压力,并且通过栖息地环境的特征和水质参数来表征其状态,针对自然生态系统的状态表征,人类会相应地采取社会、经济和技术方面的措施对环境进行改善,最后通过调控人类社会经济系统中的人口和经济发展的规模和结构以及对响应措施的进一步完善和提高,实现对状态的调控,从而达到人类社会经济系统和自然生态系统的可持续发展,使得生态系统处于可承载的安全状态。

4.4 评估指标体系构建

水生态系统安全是具有特定结构和功能的动态平衡系统的完整性和健康的整体水平反映。为反映其完整性及其健康性,本书从DPSIR概念模型出发,建立三峡库区水生态环境、经济和社会方面具有共性和特性的指标体系。

指标的选取涉及诸多要素,除遵循科学性、完备性、针对性、可比性和可操作性的一些共性原则外,还需体现三峡库区社会经济发展状况、水生态安全等几个方面的特征,能够体现水生生物群落与水环境安全状况。为了使研究的问题更具体,更突出三峡库区水环境问题,本书从水生态安全概念出发,采用DPSIR概念模型,构建了能反映三峡库区水生态安全的 5 个层次 34 个评价指标,运用层次分析法来确定指标的权重,以此来评价三峡库区水生态安全。进而得到三峡库区水位达 175 米高程以来,三峡库区水生态安全的变化和影响水生态安全强弱程度的因素。

4.4.1 指标选取原则

评估指标的选择是准确反映流域内生态系统健康状况和进行库区生态安全评估的关键。指标的选取应遵循以下原则:

系统性:把三峡库区水生态系统看作是自然-社会-经济复合生态系统的有机组成部分,从整体上选取指标对其健康状况进行综合评估。评估指标要求全面、系统地反映库区水生态健康的各个方面,指标间应相互补充,充分体现三峡库区水生态环境之间的一体性和协调性。

目的性:生态安全评估的目的不是为生态系统诊断疾病,而是定义生态系统的一个期望状态,确定生态系统破坏的阈值,并在文化、道德、政策、法律、法规的约束下,实施有效的生态系统管理,从而促进生态系统健康的提高。

代表性:评估指标应能代表三峡库区水生态环境本身固有的自然属性、库区水生态系统特征和库区流域周边社会经济状况,并能反映其生态环境的变化趋势及其对干扰和破坏的敏感性。

科学性:评估指标应能反映库区内水生态环境的本质特征及其发展规律,指标的物理及生物意义必须明确,测算方法标准,统计方法规范。

可表征性和可度量性:以一种便于理解和应用的方式表示,其优劣程度应具有明显的可度量性,并可用于单元间的比较评估。选取指标时,多采用相对性指标,如强度或百分比等。评估指标可直接赋值量化,也可间接赋值量化。

因地制宜:库区流域内支流数目众多、水质复杂,其周边的生态特点、流域经济产业结构和发展方式迥异,因此调查与评估指标的选择应该因地制宜、区别对待。

4.4.2 评价指标

1. 备选指标

参考《湖泊(库)生态安全评价导则与标准》,按照"原则-依据-指导思想-方法"的思路构建水生态安全评价指标体系,主要有以下指标:

(1) 驱动力:人口密度、人口自然增长率、人均 GDP、人均 GDP 的年增长率、人均工业总产值、人均年收入、物价指数、消费水平、城镇化水平、第三产业比重、清洁生产水平等;

(2) 压力:工业需水指标(如万元产值综合取水量)、农业需水指标(如实际的农灌用水率或农业万元产值综合取水量)、城镇居民生活需水指标(如城镇居民生活用水量)、生态环境需水指标(如人均生态环境用水量)、社会发展综合需水指标(如人均社会发展综合用水量)、废污水排放量(如单位 GDP 工业废水排放量、人均生活污水排放量);

(3) 状态:水质状况、生物多样性、水资源开发利用程度指标(如水资源开发利用率)、水资源可利用量指标(如 75% 来水年份人均水资源可利用量)、水资源重复利用指标(如水资源重复利用率)、航运危废物质泄漏概率;

(4) 影响:水土流失率、富营养化等级、植被覆盖率、水功能达标率、水质类别、河流污

染状况、生态系统结构的完整性、工业用水满足度指标、农业用水满足度指标、生活用水满足度指标、水处理需求度指标;

(5)响应:生活污水集中处理率、灌溉用水系数、工业用水重复利用率、工业废水排放达标率、水土流失治理度、重大污染事故应急处理率、生态环境保护投资等。

2. 指标优选与评估体系构建

结合 DPSIR 概念模型应用于库区生态系统的分析,并根据层次分析法,进一步优选能反映库区生态安全状况的关键指标,并以此为依据进行三峡库区生态安全综合评估。评估指标体系由目标层(V)、方案层(A)、因素层(B)、指标层(C)构成,包括 1 个目标层、5 个方案层、15 个因素层指标和 34 个指标层指标,见表 4.1。

表 4.1　水生态安全评价指标体系

目标层 A	方案层 B	指标层 C	单位
水生态安全评价 A	驱动力 B1	人均 GDP　C1	元
		流域工农产业总产值密度　C2	万元/km²
		三产业产值占 GDP 的比重　C3	%
		恩格尔系数　C4	%
		流域人均收入　C5	元
		城镇化率　C6	%
		流域人口密度　C7	人/km²
		流域人口增长率　C8	‰
	压力 B2	单位 GDP 能耗　C9	吨标准煤/万元
		单位工业增加值新鲜水耗　C10	m³/万元
		万元工业产值 CODCr 排放量　C11	万 t
		万元工业产值 NH$_3$-N 排放量　C12	万 t
		化肥施用强度(折纯)　C13	kg/hm²
		人均生活污水排放量　C14	L/人·d
		水资源开发利用率　C15	%
	状态 B3	河体 ρ(CODCr)　C16	mg/L
		叶绿素(Chla)　C17	mg/L
		总磷(TP)　C18	mg/L
		总氮(TN)　C19	mg/L
		河体 ρ(NH$_3$-N)　C20	mg/L
		流域人均水资源量　C21	m³
		河流径流量　C22	亿 m³
		浮游植物多样性　C23	无量纲
		浮游动物多样性　C24	无量纲
		底栖生物多样性指数　C25	无量纲

续表

目标层 A	方案层 B	指标层 C	单位
水生态安全评价 A	影响 B4	森林覆盖率 C26	%
		水土流失面积率 C27	%
		河流污染百分比 C28	%
	响应 B5	环保投入 C29	万元
		工业废水处理率 C30	%
		城镇生活污水集中处理率 C31	%
		农村生活污水处理率 C32	%
		水土流失治理率 C33	%
		环保投资占 GDP 比重 C34	%

3. 评估指标含义与选择依据

1) 人均 GDP($C1$)

含义：统计单元内，人均创造的地区生产总值；

计算方法：人均 GDP($C1$)＝统计单元内 GDP 总量/统计单元内总人口；

单位：元/人；

选择理由：人均 GDP 是衡量社会经济发展水平和压力最通用的指标，既能反映社会经济的发展状况，也在一定程度上间接反映了社会经济活动对环境的压力。

2) 流域工农产业总产值密度($C2$)

含义：统计单元内建设用地面积和农业用地面积之和占土地总面积的比例；

计算方法：人类活动强度指数＝（建设用地面积＋农业用地面积）/统计单元面积；

单位：无；

选择理由：建筑用地、农业用地是反映人类活动强度的主要用地类型，能够反映当前及未来几年社会经济活动对环境的压力状况。

3) 三产业产值占 GDP 的比重($C3$)

含义：第一、二、三产业的生产总值分别占 GDP 的百分比；

计算方法：某产业产值占 GDP 的比重($C3$)＝产业总产值/GDP 总产值；

单位：％；

选择理由：三种产业在 GDP 中的权重能反映当地经济发展水平。

4) 恩格尔系数($C4$)

含义：食品支出总额占个人消费支出总额的比；

计算方法：食物支出对收入的比率＝食物支出变动百分比/收入变动百分比×100％；

单位：％；

选择理由：恩格尔系数是国际上通用的衡量居民生活水平高低的一项重要指标，一般随居民家庭收入和生活水平的提高而下降。

5) 流域人均收入($C5$)

含义：流域统计单元内所有人口的平均收入；

计算方法:人均收入($C5$)=流域内生产总值/流域内总人口;

单位:元;

选择理由:流域内人均收入能反映当地的生产力发展水平,当生产力水平较高时,对于环境保护的投入也会随之增加。

6)城镇化率($C6$)

含义:城镇化率是指一个地区城镇常住人口占该地区常住总人口的比例;

计算方法:城镇化率($C6$)=城镇人口/总人口;

单位:%;

选择理由:城镇化水平是衡量一个地区社会经济发展水平的重要标志。

7)流域人口密度($C7$)

含义:统计单元内单位土地面积的人口数量;

计算方法:人口密度($C7$)=统计单元总人口/统计单元面积;

单位:人/km^2;

选择理由:人口密度是社会经济对环境影响的重要因素,人口密度的大小影响资源配置和环境容量富余,是生态环境评估的一个重要因子。

8)流域人口增长率($C8$)

含义:一定时间内(通常为一年)人口增长数量与人口总数之比;

计算方法:人口增长率($C8$)=(年末人口数-年初人口数)/年平均人口数×1 000‰;

单位:‰;

选择理由:反映人口增长的重要指标。

9)单位GDP能耗($C9$)

含义:指一定时期内一个国家(地区)每生产一个单位的国内(地区)生产总值所消耗的能源;

计算方法:单位GDP能耗($C9$)=能源消费总量(吨标准煤)/地区生产总值(万元);

单位:吨标准煤/万元;

选择理由:单位GDP能耗是反映能源消费水平和节能降耗状况的主要指标,一次能源供应总量与国内生产总值(GDP)的比率,是一个能源利用效率指标。该指标说明一个国家经济活动中对能源的利用程度,反映经济结构和能源利用效率的变化。

10)单位工业增加值新鲜水耗($C10$)

含义:指统计单元内工业企业生产单位工业增加值所消耗的新鲜水资源量。

计算方法:单位工业增加值新鲜水耗($C10$)=工业用新鲜水总量/工业增加值总量;

单位:m^3/万元;

选择理由:单位工业增加值新鲜水耗是衡量工业发展水平最主要的评估指标之一,考虑到不同的流域、不同的统计单元之间的横向比较,用单位工业增加值新鲜水耗作为评估指标。

11)万元工业产值CODCr排放量($C11$)

含义:指平均生产一万元工业产值的产品所排放的CODCr的量;

计算方法:万元工业产值 CODCr 排放量($C11$)＝CODCr 排放总量×10 000/地区工业生产总值;

单位:万 t;

选择理由:万元工业产值 CODCr 排放量是衡量工业发展水平最主要的评估指标之一,考虑到不同的流域、不同的统计单元之间的横向比较,用万元工业产值 CODCr 排放量作为评估指标。

12) 万元工业产值 NH_3-N 排放量($C12$)

含义:指平均生产一万元工业产值的产品所排放的 NH_3-N 的量;

计算方法:万元工业产值 NH_3-N 排放量($C12$)＝NH_3-N 排放总量×10 000/地区工业生产总值;

单位:万 t;

选择理由:万元工业产值 NH_3-N 排放量是衡量工业发展水平最主要的评估指标之一,考虑到不同的流域、不同的统计单元之间的横向比较,用万元工业产值 NH_3-N 排放量作为评估指标。

13) 化肥施用强度(折纯)($C13$)

含义:化肥施用强度是指本年内单位面积耕地实际用于农业生产的化肥数量。化肥施用量要求按折纯量计算。折纯量是指将氮肥、磷肥、钾肥分别按含氮、含五氧化二磷、含氧化钾的百分之百成份进行折算后的数量;

计算方法:化肥使用强度($C13$)＝农作物化肥使用总量折纯/播种面积×100%;

单位:kg/hm^2;

选择理由:入库河流污染物浓度与库区污染物浓度密切相关,入库河流污染物浓度能够反映人类活动对三峡库区的影响。

14) 人均生活污水排放量($C14$)

含义:生活污水排放总量与总人口之间的比值;

计算方法:人均生活污水排放量($C14$)＝每日生活污水排放总量/总人口;

单位:L/人·d;

选择理由:入库河流污染物浓度与库区污染物浓度密切相关,入湖河流污染物浓度能够反映人类活动对湖泊的影响。

15) 水资源开发利用率($C15$)

含义:水资源开发利用率是指流域或区域用水量占水资源总量的比率,体现的是水资源开发利用的程度;

计算方法:水资源开发利用率($C15$)＝流域内用水量/水资源可利用量;

单位:%;

选择理由:水资源开发利用率能反映当地水资源的利用情况及其可利用潜能。

16) 河流 $\rho(CODCr)$($C16$)

含义:主要入库河流的平均 COD 浓度;

计算方法:河流 $\rho(CODCr)$($C16$)＝$C1×W1+C2×W2+\cdots\cdots+Cn×Wn$;

式中:Cn 为第 n 条入库河流的平均 COD 浓度,Wn 为第 n 条入库河流的权重,权重根据该河流入库水量占入库河流总水量的比例确定；

单位：mg/L；

选择理由：入库河流污染物浓度与库区污染物浓度密切相关，入库河流污染物浓度能够反映人类活动对三峡库区的影响。

17) 叶绿素(Chla)($C17$)

含义：叶绿素是植物光合作用中的重要光合色素。通过测定浮游植物叶绿素，可掌握水体的初级生产力情况。同时，叶绿素含量还是湖泊富营养化的指标之一；

测定方法：采用丙酮提取——分光光度计测定(SL 88—1994)；

单位：$\mu g/L$；

选择理由：反映富营养化和藻类生物量的重要指标。

18) 总磷($C18$)

含义：水体中各种有机磷和无机磷的总量，一般以水样经消解后将各种形态的磷转变成正磷酸盐后测定结果表示；

计算方法：采用过硫酸钾消解法或钼酸铵-分光光度(GB 11893—89)测定；

单位：mg/L；

选择理由：评估水体富营养化程度和水质的关键指标。

19) 总氮($C19$)

含义：水中各种形态无机和有机氮的总量；

测定方法：采用碱性过硫酸钾氧化——紫外分光光度法(GB 11894—89)或气相分子吸收光谱法测定；

单位：mg/L；

选择理由：评估水体富营养化程度和水质的重要指标。

20) 河体 $\rho(NH_3\text{-}N)$($C20$)

含义：主要入库河体的平均氨氮浓度；

计算方法：河体 $\rho(NH_3\text{-}N)$($C20$) $= N1 \times W1 + N2 \times W2 + \cdots\cdots + Nn \times Wn$；

式中：Nn 为第 n 条入库河体的氨氮浓度，Wn 为第 n 条入库河体的权重，权重根据该河体入库水量占入库河体总水量的比例确定；

单位：mg/L；

选择理由：入库河体污染物浓度与库区污染物浓度密切相关，入库河体污染物浓度能够反映人类活动对库区的影响。

21) 流域人均水资源量($C21$)

含义：指在一个地区(流域)内，某一个时期按人口平均每个人占有的水资源量；

计算方法：人均水资源量($C21$) = 总人口/可利用的水资源的总量；

单位：m^3；

选择理由：是评估当地水资源是否丰富的重要评价指标。

22) 河流径流量($C22$)

含义：单位入库水量指入库水量与库区蓄水量的比值；

计算方法：河流径流量($C22$)＝入库水量/库区蓄水量；

选择理由：单位入库水量与库区污染物浓度和水环境容量密切相关，单位入库水量能够反映人类活动对库区水生态的影响。

23）浮游植物多样性指数（$C23$）

含义：应用数理统计方法求得表示浮游植物群落的种类和数量的数值，用以评估环境质量；

计算方法：多样性指数($C23$)＝$-\sum(N_i/N)\log_2(N_i/N)$；

式中：N_i 为第 i 种的个体数；N 为所有种类总数的个体数；

单位：无量纲；

选择理由：评估水生态的重要指标。

24）浮游动物多样性指数（$C24$）

含义：应用数理统计方法求得表示浮游动物群落的种类和个数量的数值，用以评估环境质量；

计算方法：多样性指数($C24$)＝$-\sum(N_i/N)\log_2(N_i/N)$；

式中：N_i 为第 i 种的个体数；N 为所有种类总数的个体数；

单位：无量纲；

选择理由：评估水生态的重要指标。

25）底栖动物多样性指数（$C25$）

含义：支持和维护一个与底栖生境相对等的生物集合群的物种组成、多样性和功能等的稳定能力，是生物适应外界环境的长期进化结果。

计算方法：多样性指数($C25$)＝$-\sum(N_i/N)\log_2(N_i/N)$；

式中：N_i 为第 i 种的个体数；N 为所有种类总数的个体数；

单位：无量纲；

选择理由：评估水生态的重要指标。

26）森林覆盖率（$C26$）

含义：指以研究区域为单位，乔木林、灌木林与草地等林草植被面积之和占区域土地面积的比例。

计算方法：林草覆盖率($C26$)＝（林地面积＋草地面积）/研究区域土地总面积×100%；

单位：%；

选择理由：乔木林、灌木林与草地等林草植被是反映水源涵养功能的重要指标。

27）水土流失面积率（$C27$）

含义：该区域内水土流失的土地面积占整个区域面积的百分比；

计算方法：水土流失面积率($C27$)＝存在土地流失的面积/区域总面积；

单位：%；

选择理由：反映污染治理的重要指标。

28）河流污染百分比（$C28$）

含义：该区域内存在污染的河流占整个区域内河流总数的百分比；

计算方法:河流污染百分比($C28$) = 存在污染的河流数/区域内河流总数;

单位:%;

选择理由:反映污染治理的重要指标。

29) 环保投入($C29$)

含义:统计单元环境保护投资的总量;

计算方法:三峡库区环境保护投资的总量($C29$) = $\sum$ 各区域环保投入;

单位:万元;

选择理由:根据发达国家的经验,一个国家在经济高速增长时期,要有效地控制污染,环保投入要在一定时间内持续稳定地占到国民生产总值的1.5%,只有环保投入达到一定比例,才能在经济快速发展的同时保持良好稳定的环境质量。

30) 工业废水处理率($C30$)

含义:处理过工业废水的量占工业废水总量的百分比;

计算方法:工业废水处理率($C30$)=处理过后的工业废水的量/工业废总量;

单位:%;

选择理由:反映废水处理效率和环保设施与监管的重要指标。

31) 城镇生活污水集中处理率($C31$)

含义:城市及乡镇建成区内经过污水处理厂二级或二级以上处理,或其他处理设施处理(相当于二级处理),且达到排放标准的生活污水量占城镇建成区生活污水排放总量的比例;

计算方法:城镇生活污水集中处理率($C31$)=各城镇污水处理厂的处理量/(根据供水量系数法计算或实测)城镇污水产生总量;

单位:%;

选择理由:反映污染治理的重要指标。

32) 农村生活污水处理率($C32$)

含义:是指农村经过污水设施处理且达到排放标准的农村生活污水量占农村生活污水排放总量的比例;

计算方法:农村生活污水处理率($C32$)=农村生活污水处理量/农村生活污水排放总量×100%;

单位:%;

选择理由:反映污染治理的重要指标。

33) 水土流失治理率($C33$)

含义:水土流失指地表组成物质受流水、重力或人为作用造成的水和土的迁移、沉积过程;水土流失治理率是指某区域范围某时段内,水土流失治理面积除以原水土流失面积;

计算方法:水土流失治理率($C33$)=某区域范围某时段内水土流失治理面积/原水土流失面积×100%;

单位:%;

选择理由:反映污染治理的重要指标。

34) 环保投资占 GDP 比重（C34）

含义：统计单元环境保护投资占地区生产总值的比例；

计算方法：环保投入指数（C34）＝统计单元环境保护投资/统计单元地区生产总值×100%；

单位：%；

选择理由：根据发达国家的经验，一个国家在经济高速增长时期，要有效地控制污染，环保投入要在一定时间内持续稳定地占到国民生产总值的 1.5%，只有环保投入达到一定比例，才能在经济快速发展的同时保持良好稳定的环境质量。

4. 参照标准的确定

在开展湖泊生态安全调查与评估的研究过程中，需要制定评估标准，根据相应的标准，确定某一评估单元特定的指标属于哪一个等级。在指标标准值确定的过程中，主要参考：①已有的国家标准、国际标准或经过研究已经确定的区域标准；②流域水质、水生态、环境 管理的目标或者参考国内外具有良好特色的流域现状值作为参照标准；③依据现有的湖泊与流域社会、经济协调发展的理论及定量化指标作为参照标准；④对于那些目前研究较少但对流域生态环境评估较为重要的指标，在缺乏有关指标统计数据时，暂时根据经验数据作为参照标准。

4.5 数据预处理和标准化

由于评价生态系统安全涉及的指标类型复杂，各指标值量纲不同，为了从定量上评价生态系统的安全程度，使各个指标在对整个生态系统安全程度上具有可比性，需要确定一组维持生态系统功能完整性能力、水生态系统零风险能力、自我修复能力和对人类生存支持力的"理想"安全状态的特征常量，这些特征常量被称为指标的标准值。标准值的选取直接决定了评价结果的合理性，因此标准值的选取可以从以下几方面进行选取：国家、行业或地方规定的强制性标准；最大值；类比标准，即根据类比确定的值；当前相关政策研究确定的目标值；国际或是国内的公认值；专家经验值。

生态系统安全各个评价指标的变量以生态系统安全评价指标的标准值进行标准化处理，使各个评价指标在整个生态系统上具有可比性，以此消除量纲的影响，具体步骤如下。

（1）首先，确定指标 C_i 的属性，指标属性为正表示指标数值越大越安全，指标属性为负表示指标数值越大越不安全。

（2）其次，按照下述公式对各个评价指标变量 C_{ij} 进行标准化处理。

指标 C_i 为正向指标：

$$Y_{ij}=\frac{C_{ij}\times 100}{S_i} \tag{4.1}$$

指标 C_i 为负向指标：

$$Y_{ij}=\frac{(1-C_{ij})\times 100}{S_i} \tag{4.2}$$

式中：Y_{ij} 为指标 C_{ij} 标准化值；C_{ij} 为 C_i 所对应的第 $(j+2009)$ 年的实测值；S_i 为指标 C_i 对应的指标标准值。

在本书标准值的选取上,对不易获得的指标标准值,选用六年平均值。通过自身数据的比较可以得出六年中水生态安全的无序程度,用其来计算权值,从而可以得到水生态安全的演变趋势。

4.6 权重的确定

运用熵值法确定指标权重,熵值法属客观赋权法,其本质就是利用该指标信息的效用值来计算,效用值越高,其对评估的重要性越大。

运用熵值法确定指标权重时,构建 n 个样本 m 个评估指标的判断矩阵 $\boldsymbol{Z}$,再将数据进行无量纲化处理,得到判断矩阵,根据熵的定义,确定评估指标的熵,即可得到评估指标的熵权。设由 n 个评价指标与 m 个评价对象的原始数据 x_{ij} 构成数据矩阵 $\boldsymbol{X}$。

$$\boldsymbol{X} = (X_{ij})_{n \times m}, i = 1, 2, \cdots, n; j = 1, 2, \cdots, m \tag{4.3}$$

(1)确定指标比重。

将各指标的实测数据 x_{ij} 转化为比重值 P_{ij},公式为

$$P_{ij} = \frac{x_{ij}}{\sum_{j=1}^{n} x_{ij}} \tag{4.4}$$

(2)计算各指标的熵值 e_i,公式为

$$\begin{cases} e_i = -k \sum p_{ij} \ln p_{ij} \\ k = \dfrac{1}{\ln n} \end{cases} \tag{4.5}$$

式中:e_i 表示指标的熵值;设定 $k = \dfrac{1}{\ln n}$,k 为大于零的正数,以保证 $0 \leqslant e_i \leqslant 1$。

(3)各指标之间差异系数 g_i。指标的熵值越小,则差异系数越大,指标就越重要。公式为:

$$g_i = 1 - e_i \tag{4.6}$$

(4)各指标的权重 w_i,公式为

$$w_i = \frac{g_i}{\sum_{i=1}^{m} g_i} \tag{4.7}$$

4.7 生态安全度等级划分

借鉴相关安全领域的等级划分,结合具体水生态安全评价需要,海河流域水库水生态安全等级也采用均分的方法划分为五级,取值范围越接近 100,说明系统生态安全程度越高,生态系统越安全;反之,取值范围越接近 0,则说明系统生态安全程度越低,生态系统就越不安全。由此水生态安全等级由劣到优(从Ⅴ到Ⅰ)对应的预警级别分别为重警状态、中警状态、预警状态、较安全状态和安全状态(表 4.2)。

表 4.2 水生态安全等级划分

安全状态	评价等级	水生态安全综合指数取值范围	状态描述
重警状态	V	<20	生态环境遭受严重破坏,不适宜人类生存发展,生态系统已失去功能并且无法恢复
中警状态	IV	[20,40)	生态环境遭受破坏,勉强满足人类生存发展,生态功能退化且恢复困难
预警状态	III	[40,60)	生态系统脆弱,基本满足人类生存发展,有一定的生态问题且无法承受较大干扰
较安全状态	II	[60,80)	生态系统较完善,较适宜人类生存发展,生态环境较好且能承受一定的干扰
安全状态	I	≥80	生态系统功能结构完整,生态环境优越,适宜人类生存发展,系统再生能力强

4.8 评估过程

水生态安全指数是采用乘加复合综合指数模型来评价水生态安全性,是一个以水生态安全指数衡量水生态安全程度的指标。水生态安全指数介于 0~100。为了了解各指标之间的相互关系以及各指标、各子系统与整个系统的关系,特建立以下的计算模型。

(1) 各指标水生态安全指数计算模型

$$ESI_{ij} = Y_{ij} \cdot \beta_j \tag{4.8}$$

式中:ESI_{ij} 表示指标层 C_{ij} 的生态安全指数;Y_{ij} 表示指标 C_{ij} 标准化值;β_i 表示指标层 C_i 的综合权重值。

(2) 各子系统生态安全指数计算模型

$$ESI_{kj} = \sum_{i=1} ESI_{ij} \tag{4.9}$$

式中:ESI_{kj} 表示各子系统的生态安全指数,ESI_{ij} 表示第 i 项指标的第($j+2009$)年的水生态安全指数,以 ESI_{kj} 表示各子系统 B1~B5 第($j+2009$)年的水生态安全指数。由此,可得到各子系统的水生态安全指数集合,用 $ESI(m,n)$ 表示,ESI_{kj} 表示第 k 个子系统的第($j+2005$)年的水生态安全指数。

(3) 系统生态安全指数计算模型

$$ESI_j = \sum_{k=1} ESI_{kJ} \tag{4.10}$$

式中:ESI_j 表示第($j+2010$)年的生态安全指数,WES_{kj} 表示第 k 个子系统的第($j+2005$)年的水生态安全指数。

以 ESI_j 表示系统第($j+2010$)年的水生态安全指数,由此,可得到系统的水生态安全指数集合,用 ESI 表示,ESI_j 表示第($j+2010$)年的水生态安全指数。

4.9 三峡库区水生态安全评价——基于 DPSIR 框架分析

4.9.1 研究地域

三峡库区是中国乃至世界最为特殊的生态功能区,也是长江上游主要的生态脆弱区之一,其水生态安全状况不仅直接影响整个长江流域的生态安全,也关系到长江流域社会经济的可持续发展。根据干流水质评价分析,三峡库区干流被分为库首、库腹和库尾三个水体单元,具体区域划分见图 4.3。相关区域的划分也与《三峡库区近、中期农业和农村经济发展总体规划》的分区规划相一致。

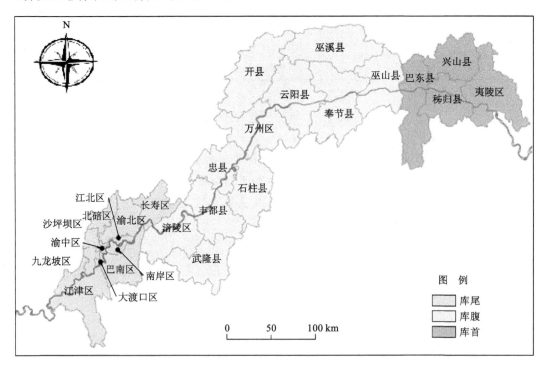

图 4.3 三峡库区库首、库腹、库尾分布示意图

4.9.2 研究背景

三峡大坝自 2010 年进入 175 m 运行周期后,库区水位进一步提升,流域水体自净能力削弱,直接导致河库富营养问题不断加重;沿河而建的城市群、工业园更加剧了上游流域水环境的恶化;库区化肥施用造成的面源污染压力加大;有机磷等高毒农药使用仍普遍;污染物的沉积和集中排泄,导致流域"污染流"频次增加,不稳定加剧,严重影响供水安全;主要支流的蓝藻水华现象日益普遍。造成库区污染的原因错综复杂,只有从全面的指标体系来进行三峡库区水生态安全评估才能更好地反映库区内的水生态安全水平。因此,本书从全指标来评价水生态安全状态显得更有意义。

4.9.3 数据来源

评价指标数据源于2010~2015年的各区县国民经济和社会发展统计公报、《湖北省水资源公报》、《重庆市水资源公报》、《长江三峡工程生态与环境监测公报》等相关数据,为了能反映对长江流域水体水生态状况,在陆域范围的选择上选取县级行政区范围为数据来源。选择这样的数据来源一是数据获取方便,二是评价范围内各指标的平均水平能反映陆域对水域生态安全的影响。以 C_{ij} 表示 C_i 所对应的第 $(j+2009)$ 年的数据,集合 $C(m,n)$ 表示水生态安全评价指标2010~2015年的全部数据集合,m 表示指标个数,n 表示年数。

4.9.4 评价指标

指标的选取涉及诸多要素,除遵循科学性、完备性、针对性、可比性和可操作性的一些共性原则外,还需体现全指标下三峡库区的水生态状况。但是水生态系统安全的概念太宽泛,为了使研究问题更具体,依据DPSIR模型,从水环境安全状况出发,构建了能反映水环境安全状况的状态子系统、影响子系统和响应子体系,各子系统选取评价指标如下:

(1) 驱动力子系统:由于本书要考虑人类活动对目标区域生态安全的影响,因而指标选取要从驱动力入手,涉及经济发展驱动力、社会发展驱动力指标两方面。本书中共选取了8个相关指标,分别是人均GDP、流域工农业总产值密度、三产业产值占GDP的比重、恩格尔系数、流域人均收入、城镇化率、流域人口密度、流域人口增长率。

(2) 压力子系统:压力是人类活动造成的,是驱动力指标的表现形式。目前影响水生态安全性的主要压力包括水资源需求压力和环境压力。针对这两种压力分别选取了单位GDP能耗、单位工业增加值新鲜水耗、万元工业产值CODCr排放量、万元工业产值NH_3-N排放量、化肥施用强度(折纯)、人均生活污水排放量、水资源开发利用率。

(3) 状态子系统:状态是在驱动力和压力共同作用下区域水资源表现出的物理或化学可测特征。本书中选取10个反映三峡库区水资源状态的指标,分别是河体 ρ(CODCr)、叶绿素(Chla)、总磷(TP)、总氮(TN)、河体 $\rho(NH_3\text{-}N)$、流域人均水资源量、河流径流量、浮游植物多样性、浮游动物多样性、底栖生物多样性指数。

(4) 影响子系统:对水生态安全的影响主要通过水土流失面积率、森林覆盖率、河流污染百分比三个指标表示。

(5) 响应子系统:响应描述了人类应对由污染而引起的流域生态安全变化的一系列积极措施,包括环保投入、工业废水处理率、城镇污水集中处理率、农村生活污水处理率、水土流失治理率、农村生活污水处理率、水土流失治理率、环保投资占GDP比重。

4.9.5 评价指标标准值

本书中的评价标准值主要依据国家、行业或地方规定的强制性标准;最大值;类比标准,即根据类比确定的值;当前相关政策研究确定的目标值;国际或是国内的公认值;专家经验值。本书在标准值的选取时,对不易获得的指标标准值,选用六年平均值。通过自身数据的比较可以得出六年中水生态安全的无序程度,并用其计算权值,从而可以得到水生态安全的演变趋势。具体见表4.3。

表 4.3 水生态安全评价标准值

指标	指标属性	标准值	标准值来源	单位
C1	正	40 000	国家十二五规划	元
C2	负	3 200	平均值	万元/km²
C3	正	48.97	国家十二五规划	%
C4	正	36	国家十二五规划	%
C5	正	24 600	国家十二五规划	元
C6	负	51.1	国家十二五规划	%
C7	负	980	平均值	人/km²
C8	负	72	国家十二五规划	‰
C9	负	0.869	国家十二五规划	吨标准煤/万元
C10	负	9	国家生态工业示范园区标准	m³/万元
C11	负	0.001	国家综合类生态工业园区标准	万 t
C12	负	0.000 1	国家综合类生态工业园区标准	万 t
C13	负	250	中国生态县和生态乡镇建设要求标准	kg/hm²
C14	负	230	均值	L/人·d
C15	负	40	国际标准开发合理值	%
C16	负	20	地表水环境质量标准Ⅲ类水体	mg/L
C17	负	0.01	地表水环境质量标准Ⅲ类水体	mg/L
C18	负	0.2	地表水环境质量标准Ⅲ类水体	mg/L
C19	负	1	地表水环境质量标准Ⅲ类水体	mg/L
C20	负	1	地表水环境质量标准Ⅲ类水体	mg/L
C21	正	473	国家十二五规划	m³
C22	负	24.93	均值	亿 m³
C23	正	3	香农-威纳指数>3 为无污或轻污	无量纲
C24	正	3	香农-威纳指数>3 为无污或轻污	无量纲
C25	正	3	香农-威纳指数>3 为无污或轻污	无量纲
C26	正	45	重庆市十二五规划	%
C27	负	35	均值	%
C28	负	12	均值	%
C29	正	18 159	均值	万元
C30	正	100	国家生态工业示范园区标准	%
C31	正	85	国家十二五规划	%
C32	正	60	农村的生活污水处理设施建设	%
C33	正	3.5	平均值	%
C34	正	1.13	国家十二五规划	%

4.9.6 评价指标权重

本书利用基于 AHP 的群体决策模型确定方案层权重,用基于熵值的组合权重法确定指标层权重。具体结果见表 4.4。

表 4.4 三峡库区水生态安全评价指标的权重

目标层 A	准则层 B	指标层 C	熵权	综合权重
三峡库区水生态系统安全评价 A	驱动力 B1 0.15	人均 GDP C1	0.214 6	0.032 190
		流域工农产业总产值密度 C2	0.000 1	0.000 015
		三产业产值占 GDP 的比重 C3	0.000 1	0.000 015
		恩格尔系数 C4	0.000 1	0.000 015
		流域人均收入 C5	0.748 2	0.112 230
		城镇化率 C6	0.027 1	0.004 065
		流域人口密度 C7	0.009 7	0.001 455
		流域人口增长率 C8	0.000 1	0.000 015
	压力 B2 0.15	单位 GDP 能耗 C9	0.027 3	0.004 095
		单位工业增加值新鲜水耗 C10	0.034 2	0.005 130
		万元工业产值 CODCr 排放量 C11	0.038 7	0.005 805
		万元工业产值 NH_3-N 排放量 C12	0.895 9	0.134 385
		化肥施用强度(折纯) C13	0.003 6	0.000 540
		人均生活污水排放量 C14	0.000 1	0.000 015
		水资源开发利用率 C15	0.000 2	0.000 030
	状态 B3 0.3	河体 ρ(CODCr) C16	0.000 1	0.000 030
		叶绿素(Chla) C17	0.195 4	0.058 620
		总磷(TP) C18	0.195 4	0.058 620
		总氮(TN) C19	0.195 4	0.058 620
		河体 ρ(NH_3-N) C20	0.195 4	0.058 620
		流域人均水资源量 C21	0.000 1	0.000 030
		河流径流量 C22	0.000 1	0.000 030
		浮游植物多样性 C23	0.000 1	0.000 030
		浮游动物多样性 C24	0.000 1	0.000 030
		底栖生物多样性指数 C25	0.217 9	0.065 370
	影响 B4 0.2	森林覆盖率 C26	0.076 2	0.015 240
		水土流失面积率 C27	0.000 1	0.000 020
		河流污染百分比 C28	0.923 7	0.184 740
	响应 B5 0.2	环保投入 C29	0.106 4	0.021 280
		工业废水处理率 C30	0.000 1	0.000 020
		城镇污水集中处理率 C31	0.000 1	0.000 020
		农村生活污水处理率 C32	0.006 6	0.001 320
		水土流失治理率 C33	0.243 3	0.048 660
		环保投资占 GDP 比重 C34	0.643 5	0.128 700

4.9.7 三峡库区干流水生态安全评价结果与分析

1. 三峡库区整体水生态安全评价结果

根据各指标的权重 β_j 和指标数值经标准化处理后的数值 Y_{ij}，运用水生态安全评价模型求算各子系统生态安全指数和系统生态安全指数(图4.4,图4.5)。

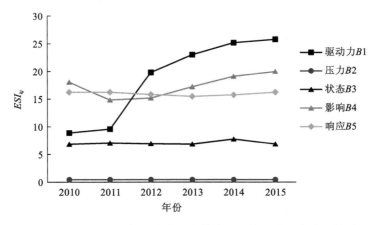

图 4.4　2010～2015 年三峡库区整体各子系统生态安全分级结果

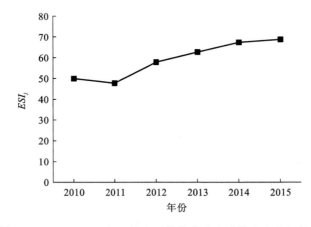

图 4.5　2010～2015 年三峡库区整体水生态系统安全分级结果

(1) 三峡库区整体水生态安全指数时间变化特征

从图 4.5 水生态安全分级结果可以看出：2010～2015 年的水生态安全指数分别为 50.42、48.14、58.30、63.36、68.15、69.34。对照水生态安全等级划分可知，2010～2012 年均处于一般安全 III 级标准范围内，2013～2015 年均处于较安全状态 II 级标准范围内。2010～2011 年水生态安全指数有下降趋势，主要原因是影响层次的河流污染百分比增加。说明库区整体水生态安全处于较安全状态，且水生态安全状况呈现上升的趋势。

(2) 基于 DPSIR 模型的水生态安全时间变化特征

基于 DPSIR 模型的三峡库区整体水生态安全时间变化特征见表 4.5。

表 4.5 三峡库区整体水生态安全随时间变化一览表

	2010 年	2011 年	2012 年	2013 年	2014 年	2015 年
驱动力 $B1$	8.83	9.53	19.77	23.07	25.04	25.75
压力 $B2$	0.34	0.38	0.40	0.43	0.44	0.48
状态 $B3$	7.00	7.13	7.08	7.02	7.82	6.96
影响 $B4$	18.04	14.88	15.30	17.31	19.02	20.00
响应 $B5$	16.21	16.22	15.75	15.53	15.83	16.15
系统安全指数	50.42	48.14	58.30	63.36	68.15	69.34

(3) 综合权值对三峡库区整体水生态安全的影响

从表 4.6 中的驱动力、压力、状态、影响、响应 5 方面的综合权重值可以得出三峡库区整体水生态安全不同方面影响程度，资源环境状态对三峡库区整体水生态影响最大（综合权值 0.3），其次是资源环境影响和响应（综合权值均为 0.2），影响最小的是社会经济驱动力和资源环境压力（综合权值均为 0.15）。从指标层来看，对三峡库区整体水生态安全影响最大的前 3 个因素依次是河流污染百分比（综合权值 0.184 740）、万元工业产值 NH_3-N 排放量（综合权值 0.134 385）、环保投入占 GDP 比重（综合权重 0.128 700）；影响最小的是流域人口增长率（综合权值为 0.000 015）。

表 4.6 三峡库区整体水生态安全评价指标的权重

目标层 A	准则层 B	指标层 C	熵权	综合权重
三峡库区整体水生态系统安全评价 A	驱动力 $B1$ 0.15	人均 GDP $C1$	0.214 6	0.032 190
		流域工农产业总产值密度 $C2$	0.000 1	0.000 015
		三产业产值占 GDP 的比重 $C3$	0.000 1	0.000 015
		恩格尔系数 $C4$	0.000 1	0.000 015
		流域人均收入 $C5$	0.748 2	0.112 230
		城镇化率 $C6$	0.027 1	0.004 065
		流域人口密度 $C7$	0.009 7	0.001 455
		流域人口增长率 $C8$	0.000 1	0.000 015
	压力 $B2$ 0.15	单位 GDP 能耗 $C9$	0.027 3	0.004 095
		单位工业增加值新鲜水耗 $C10$	0.034 2	0.005 130
		万元工业产值 $CODCr$ 排放量 $C11$	0.038 7	0.005 805
		万元工业产值 NH_3-N 排放量 $C12$	0.895 9	0.134 385
		化肥施用强度（折纯） $C13$	0.003 6	0.000 540
		人均生活污水排放量 $C14$	0.000 1	0.000 015
		水资源开发利用率 $C15$	0.000 2	0.000 030

续表

目标层 A	准则层 B	指标层 C	熵权	综合权重
三峡库区整体水生态系统安全评价 A	状态 B3 0.2	河体 ρ(CODCr) C16	0.000 1	0.000 030
		叶绿素(Chla) C17	0.195 4	0.058 620
		总磷(TP) C18	0.195 4	0.058 620
		总氮(TN) C19	0.195 4	0.058 620
		河体 ρ(NH$_3$-N) C20	0.195 4	0.058 620
		流域人均水资源量 C21	0.000 1	0.000 030
		河流径流量 C22	0.000 1	0.000 030
		浮游植物多样性 C23	0.000 1	0.000 030
		浮游动物多样性 C24	0.000 1	0.000 030
		底栖生物多样性指数 C25	0.217 9	0.065 370
	影响 B4 0.2	森林覆盖率 C26	0.076 2	0.015 240
		水土流失面积率 C27	0.000 1	0.000 020
		河流污染百分比 C28	0.923 7	0.184 740
	响应 B5 0.2	环保投入 C29	0.106 4	0.021 280
		工业废水处理率 C30	0.000 1	0.000 020
		城镇污水集中处理率 C31	0.000 1	0.000 020
		农村生活污水处理率 C32	0.006 6	0.001 320
		水土流失治理率 C33	0.243 3	0.048 660
		环保投资占 GDP 比重 C34	0.643 5	0.128 700

2. 三峡库区库首水生态安全评价结果

根据各指标的权重 β_j 和指标数值经标准化处理后的数值 Y_{ij}，运用水生态安全评价模型计算各子系统生态安全指数和系统生态安全指数(图 4.6，图 4.7)。

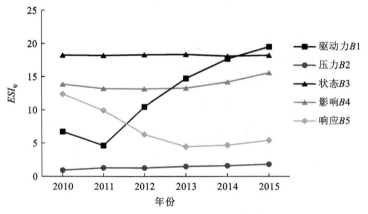

图 4.6 2010～2015 年三峡库区库首各子系统生态安全分级结果

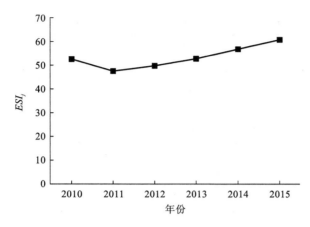

图 4.7 2010～2015 年三峡库区库首水生态系统安全分级结果

1) 三峡库区库首水生态安全指数时间变化特征

2010～2015 年的水生态安全指数分别为 52.09、47.07、49.39、52.31、56.29、60.50。对照水生态安全等级划分可知,2010～2014 年均处于一般安全Ⅲ级标准范围内,2015 年均处于较安全状态Ⅱ级标准范围内,2010～2011 水生态安全指数有下降趋势,主要原因是响应层次水土流失治理率减少。说明库首水生态安全处于一般安全状态,但是水生态安全状况有上升的趋势。

2) 基于 DPSIR 模型的水生态安全时间变化特征

三峡库区库首水生态安全的时间变化特征见表 4.7。

表 4.7 三峡库区库首水生态安全随时间变化一览表

	2010 年	2011 年	2012 年	2013 年	2014 年	2015 年
驱动力 $B1$	6.66	4.65	10.43	14.72	17.71	19.55
压力 $B2$	0.92	1.16	1.26	1.46	1.58	1.75
状态 $B3$	18.26	18.19	18.21	18.37	18.13	18.28
影响 $B4$	13.86	13.22	13.18	13.28	14.23	15.58
响应 $B5$	12.39	9.85	6.31	4.49	4.63	5.34
系统安全指数	52.09	47.07	49.39	52.31	56.29	60.50

3) 综合权值对三峡库区库首水生态安全的影响

从表 4.8 中的驱动力、压力、状态、影响、响应 5 方面的综合权重值可以得出三峡库区库首水生态安全不同方面影响程度,资源环境状态对三峡库区库首水生态影响最大(综合权值 0.3),其次是资源环境影响和响应(综合权值均为 0.2),影响最小的是社会经济驱动力和资源环境压力(综合权值均为 0.15)。从指标层来看,对三峡库区库首水生态安全影响最大的前 3 个因素依次是河流污染百分比(综合权值 0.195 500)、水土流失治理率(综合权值 0.182 680)、万元工业产值 $CODCr$ 排放量(综合权值 0.076 755);影响最小的是城镇污水集中处理率(综合权值为 0.000 020)。

表 4.8 三峡库区库首水生态安全评价指标的权重

目标层 A	准则层 B	指标层 C	熵权	综合权重
三峡库区库首水生态系统安全评价 A	驱动力 B1 0.15	人均 GDP C1	0.505 8	0.075 870
		流域工农产业总产值密度 C2	0.002 1	0.000 315
		三产业产值占 GDP 的比重 C3	0.002 8	0.000 420
		恩格尔系数 C4	0.003 5	0.000 525
		流域人均收入 C5	0.480 6	0.072 090
		城镇化率 C6	0.000 9	0.000 135
		流域人口密度 C7	0.000 4	0.000 060
		流域人口增长率 C8	0.003 9	0.000 585
	压力 B2 0.15	单位 GDP 能耗 C9	0.065 1	0.009 765
		单位工业增加值新鲜水耗 C10	0.204 1	0.030 615
		万元工业产值 CODCr 排放量 C11	0.511 7	0.076 755
		万元工业产值 NH$_3$-N 排放量 C12	0.212 8	0.031 920
		化肥施用强度(折纯) C13	0.004 1	0.000 615
		人均生活污水排放量 C14	0.001 1	0.000 165
		水资源开发利用率 C15	0.001 1	0.000 165
	状态 B3 0.3	河体 ρ(CODCr) C16	0.000 1	0.000 030
		叶绿素(Chla) C17	0.136 2	0.040 860
		总磷(TP) C18	0.136 2	0.040 860
		总氮(TN) C19	0.136 2	0.040 860
		河体 ρ(NH$_3$-N) C20	0.136 2	0.040 860
		流域人均水资源量 C21	0.000 2	0.000 060
		河流径流量 C22	0.000 1	0.000 030
		浮游植物多样性 C23	0.151 6	0.045 480
		浮游动物多样性 C24	0.151 6	0.045 480
		底栖生物多样性指数 C25	0.151 6	0.045 480
	影响 B4 0.2	森林覆盖率 C26	0.000 1	0.000 020
		水土流失面积率 C27	0.022 4	0.004 480
		河流污染百分比 C28	0.977 5	0.195 500
	响应 B5 0.2	环保投入 C29	0.081 2	0.016 240
		工业废水处理率 C30	0.000 1	0.000 020
		城镇污水集中处理率 C31	0.000 1	0.000 020
		农村生活污水处理率 C32	0.005 1	0.001 020
		水土流失治理率 C33	0.913 4	0.182 680
		环保投资占 GDP 比重 C34	0.000 1	0.000 020

3. 三峡库区库腹水生态安全评价结果

根据各指标的权重 β_j 和指标数值经标准化处理后的数值 Y_{ij}，运用水生态安全评价模型求算各子系统生态安全指数和系统生态安全指数(图4.8，图4.9)。

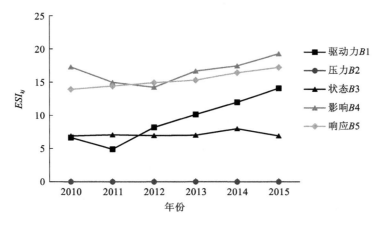

图4.8　2010～2015年三峡库区库腹各子系统生态安全分级结果

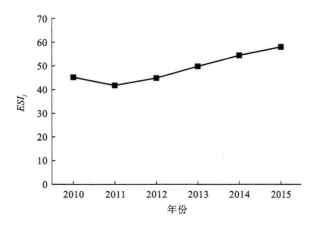

图4.9　2010～2015年三峡库区库腹水生态系统安全分级结果

1) 三峡库区库腹水生态安全指数时间变化特征

从图4.9水生态安全分级结果可以看出2010～2015年的水生态安全指数分别为45.24、41.84、44.90、49.64、54.46、58.03。对照水生态安全等级划分可知，2010～2015年均处于一般安全Ⅲ级标准范围内。在2010～2011年水生态安全指数有下降趋势，主要原因是影响层次水土流失治理率减少。说明库腹水生态安全处于一般安全状态，但是水生态安全状况有上升的趋势。

2) 基于DPSIR模型的水生态安全时间变化特征

三峡库区库腹水生态安全时间变化特征见表4.9。

表 4.9 三峡库区库腹水生态安全随时间变化一览表

	2010 年	2011 年	2012 年	2013 年	2014 年	2015 年
驱动力 B1	6.69	4.93	8.20	10.22	12.08	14.10
压力 B2	0.17	0.18	0.20	0.21	0.21	0.21
状态 B3	7.02	7.18	7.12	7.14	8.08	6.97
影响 B4	17.31	15.14	14.39	16.79	17.58	19.42
响应 B5	14.06	14.42	14.99	15.29	16.52	17.33
系统安全指数	45.24	41.84	44.90	49.64	54.46	58.03

(3) 综合权值对三峡库区库腹水生态安全的影响

从表 4.10 中的驱动力、压力、状态、影响、响应 5 方面的综合权重值可以得出三峡库区库腹水生态安全不同方面影响程度,资源环境状态对三峡库区库腹水生态影响最大(综合权值 0.3),其次是资源环境影响和响应(综合权值均为 0.2),影响最小的是社会经济驱动力和资源环境压力(综合权值均为 0.15)。从指标层来看,对三峡库区库腹水生态安全影响最大的前 3 个因素依次是河流污染百分比(综合权值 0.186 520)、万元工业产值 NH_3-N 排放量(综合权值 0.127 560)、环保投入(综合权值 0.123 420);影响最小的是流域工农产业总产值密度(综合权值为 0.000 015)。

表 4.10 三峡库区库腹水生态安全评价指标的权重

目标层 A	准则层 B	指标层 C	熵权	综合权重
三峡库区库腹水生态系统安全评价 A	驱动力 B1 0.15	人均 GDP C1	0.545 1	0.081 765
		流域工农产业总产值密度 C2	0.000 1	0.000 015
		三产业产值占 GDP 的比重 C3	0.000 1	0.000 015
		恩格尔系数 C4	0.000 1	0.000 015
		流域人均收入 C5	0.454 3	0.068 145
		城镇化率 C6	0.000 1	0.000 015
		流域人口密度 C7	0.000 1	0.000 015
		流域人口增长率 C8	0.000 1	0.000 015
	压力 B2 0.15	单位 GDP 能耗 C9	0.010 6	0.001 590
		单位工业增加值新鲜水耗 C10	0.020 6	0.003 090
		万元工业产值 $CODCr$ 排放量 C11	0.117 7	0.017 655
		万元工业产值 NH_3-N 排放量 C12	0.850 4	0.127 560
		化肥施用强度(折纯) C13	0.000 2	0.000 030
		人均生活污水排放量 C14	0.000 2	0.000 030
		水资源开发利用率 C15	0.000 3	0.000 045

续表

目标层 A	准则层 B	指标层 C	熵权	综合权重
三峡库区库腹水生态系统安全评价 A	状态 B3 0.3	河体 $\rho(CODCr)$ C16	0.000 1	0.000 030
		叶绿素(Chla) C17	0.236 4	0.070 920
		总磷(TP) C18	0.236 4	0.070 920
		总氮(TN) C19	0.000 1	0.000 030
		河体 $\rho(NH_3\text{-}N)$ C20	0.000 1	0.000 030
		流域人均水资源量 C21	0.000 1	0.000 030
		河流径流量 C22	0.000 1	0.000 030
		浮游植物多样性 C23	0.000 1	0.000 030
		浮游动物多样性 C24	0.263 3	0.078 990
		底栖生物多样性指数 C25	0.263 3	0.078 990
	影响 B4 0.2	森林覆盖率 C26	0.067 3	0.013 460
		水土流失面积率 C27	0.000 1	0.000 020
		河流污染百分比 C28	0.932 6	0.186 520
	响应 B5 0.2	环保投入 C29	0.617 1	0.123 420
		工业废水处理率 C30	0.054 7	0.010 940
		城镇污水集中处理率 C31	0.101 2	0.020 240
		农村生活污水处理率 C32	0.000 1	0.000 020
		水土流失治理率 C33	0.226 8	0.045 360
		环保投资占 GDP 比重 C34	0.000 1	0.000 020

4. 三峡库区库尾水生态安全评价结果

根据各指标的权重 β_j 和指标数值经标准化处理后的数值 Y_{ij}，运用水生态安全评价模型计算各子系统生态安全指数和系统生态安全指数(图 4.10，图 4.11)。

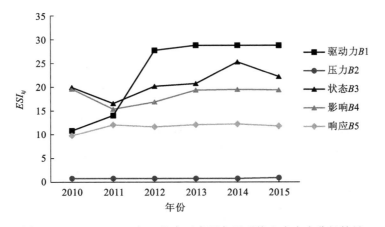

图 4.10 2010~2015 年三峡库区库尾各子系统生态安全分级结果

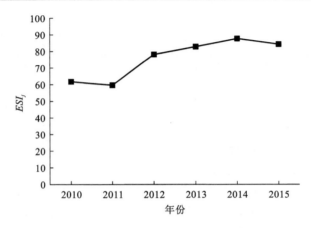

图 4.11 2010~2015 年三峡库区库尾水生态系统安全分级结果

1) 三峡库区库尾水生态安全指数时间变化特征

从图 4.11 水生态安全分级结果可以看出：2010~2015 年的水生态安全指数分别为 61.16、58.91、77.62、82.28、87.15、83.60。对照水生态安全等级划分可知，2011 年均处于一般安全Ⅲ级标准范围内，2010 和 2012 年均处于较安全状态Ⅱ级标准范围内，2013~2015 年均处于安全Ⅰ级标准范围内，2010~2011 年水生态安全指数有下降趋势主要原因是影响层次水河流污染百分比增加和状态层次人均水资源量减少。说明库尾水生态安全处于安全状态，且水生态安全状况有上升的趋势。

2) 基于 DPSIR 模型的水生态安全时间变化特征

三峡库区库尾水生态安全时间变化特征见表 4.11。

表 4.11 三峡库区库尾水生态安全随时间变化一览表

	2010 年	2011 年	2012 年	2013 年	2014 年	2015 年
驱动力 B1	10.84	14.06	27.86	28.92	28.92	28.90
压力 B2	0.66	0.70	0.74	0.79	0.81	0.86
状态 B3	20.15	16.59	20.29	20.84	25.48	22.36
影响 B4	19.70	15.39	17.00	19.51	19.61	19.58
响应 B5	9.80	12.16	11.73	12.23	12.34	11.90
系统安全指数	61.16	58.91	77.62	82.28	87.15	83.60

(3) 综合权值对三峡库区库尾水生态安全的影响

从表 4.12 中的驱动力、压力、状态、影响、响应五方面的综合权重值可以得出三峡库区库尾水生态安全不同方面影响程度，资源环境状态对三峡库区库尾水生态影响最大(综合权值 0.3)，其次是资源环境影响和响应(综合权值均为 0.2)，影响最小的是社会经济驱动力和资源环境压力(综合权值均为 0.15)。从指标层来看，对三峡库区库尾水生态安全影响最大的前三个因素依次是流域人均水资源量(综合权值 0.201 030)、河流污染百分比(综合权值 0.167 920)、水土流失治理率(综合权值 0.095 980)；影响最小的是流域人口增长率(综合权值为 0.000 015)。

表 4.12 三峡库区库尾水生态安全评价指标的权重

目标层 A	准则层 B	指标层 C	熵权	综合权重
三峡库区库尾水生态系统安全评价 A	驱动力 B1 0.15	人均 GDP C1	0.000 1	0.000 015
		流域工农产业总产值密度 C2	0.225 3	0.033 795
		三产业产值占 GDP 的比重 C3	0.000 1	0.000 015
		恩格尔系数 C4	0.000 1	0.000 015
		流域人均收入 C5	0.740 3	0.111 045
		城镇化率 C6	0.016 0	0.002 400
		流域人口密度 C7	0.018 0	0.002 700
		流域人口增长率 C8	0.000 1	0.000 015
	压力 B2 0.15	单位 GDP 能耗 C9	0.033 3	0.004 995
		单位工业增加值新鲜水耗 C10	0.038 1	0.005 715
		万元工业产值 CODCr 排放量 C11	0.400 7	0.060 105
		万元工业产值 NH_3-N 排放量 C12	0.517 3	0.077 595
		化肥施用强度(折纯) C13	0.003 8	0.000 570
		人均生活污水排放量 C14	0.006 6	0.000 990
		水资源开发利用率 C15	0.000 2	0.000 030
	状态 B3 0.3	河体 $\rho(CODCr)$ C16	0.000 1	0.000 030
		叶绿素(Chla) C17	0.085 1	0.025 530
		总磷(TP) C18	0.000 1	0.000 030
		总氮(TN) C19	0.085 0	0.025 500
		河体 $\rho(NH_3$-N) C20	0.085 1	0.025 530
		流域人均水资源量 C21	0.670 1	0.201 030
		河流径流量 C22	0.000 1	0.000 030
		浮游植物多样性 C23	0.000 1	0.000 030
		浮游动物多样性 C24	0.000 1	0.000 030
		底栖生物多样性指数 C25	0.074 2	0.022 260
	影响 B4 0.2	森林覆盖率 C26	0.060 9	0.012 180
		水土流失面积率 C27	0.099 5	0.019 900
		河流污染百分比 C28	0.839 6	0.167 920
	响应 B5 0.2	环保投入 C29	0.439 3	0.087 860
		工业废水处理率 C30	0.000 1	0.000 020
		城镇污水集中处理率 C31	0.017 6	0.003 520
		农村生活污水处理率 C32	0.062 9	0.012 580
		水土流失治理率 C33	0.479 90	0.095 980
		环保投资占 GDP 比重 C34	0.000 2	0.000 040

4.9.8 三峡库区典型支流——小江水生态安全评价结果与分析

1. 研究地域与背景

小江是长江的一条支流,古称容水、巴渠水、彭溪水、清水河、叠江,它是川江中自乌江汇口以下流域面积最大的一级支流,位于四川盆地东部边沿,大巴山西南麓。它流经重庆市开州区、云阳县,是三峡库区中段、北岸流域面积最大的支流,河口距三峡大坝约 247 km,两条主要支流南河和北河(图 4.12)。三峡水库蓄水以来,库湾支流频频爆发水华,为了服务于流域水生态安全管理,以下从全指标体系对小江进行水生态安全评估。

图 4.12 小江流域示意图

2. 数据来源与评价方法

评价指标数据源于 2010~2015 年的开州区、云阳县国民经济和社会发展统计公报、《开州区年鉴》、《云阳县年鉴》、《重庆市水资源公报》、《长江三峡工程生态与环境监测公报》等相关数据。支流评价体系借鉴三峡库区干流评价方法,选用一致的评价指标和标准值。

3. 评价结果与分析

根据各指标的权重 β_j 和指标数值经标准化处理后的数值 Y_{ij},运用水生态安全评价模型求算各子系统生态安全指数和系统生态安全指数(图 4.13,图 4.14)。

1)小江水生态安全指数时间变化特征

从图 4.14 水生态安全分级结果可以看出:2010~2015 年的水生态安全指数分别为 48.73、43.09、46.50、50.42、53.16、56.86。对照水生态安全等级划分可知,2010~2015 年均处于一般安全 III 级标准范围内,2010~2011 水生态安全指数有下降趋势,原因是影

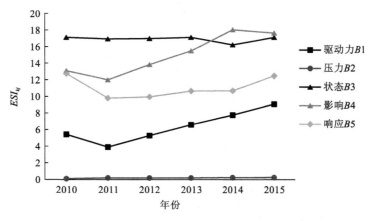

图 4.13 2010～2015 年小江各子系统生态安全分级结果

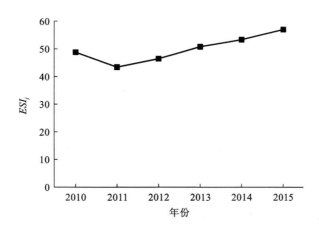

图 4.14 2010～2015 年小江水生态系统安全分级结果

响层次河流污染百分比增加和响应层次水土流失治理率减少。说明小江水生态安全整体处于一般安全状态,但是水生态安全状况有上升的趋势。

2) 基于 DPSIR 模型的水生态安全时间变化特征

小江水生态安全随时间变化特征见表 4.13。

表 4.15 小江水生态安全随时间变化一览表

	2010 年	2011 年	2012 年	2013 年	2014 年	2015 年
驱动力 B1	5.47	3.93	5.32	6.60	7.79	9.13
压力 B2	0.19	0.20	0.21	0.22	0.22	0.22
状态 B3	17.17	17.01	17.06	17.24	16.28	17.23
影响 B4	13.13	12.07	13.92	15.60	18.14	17.70
响应 B5	12.76	9.88	10.00	10.77	10.73	12.57
系统安全指数	48.73	43.09	46.50	50.42	53.16	56.86

3) 综合权值对小江水生态安全的影响

从表 4.14 中的驱动力、压力、状态、影响、响应五方面的综合权重值可以得出小江水生态安全不同方面影响程度,资源环境状态对小江水生态影响最大(综合权值 0.3),其次是资源环境影响和响应(综合权值均为 0.2),影响最小的是社会经济驱动力和资源环境压力(综合权值均为 0.15)。从指标层来看,对小江水生态安全影响最大的前三个因素依次是河流污染百分比(综合权值 0.196 840)、水土流失治理率(综合权值 0.174 240)、万元工业产值 NH_3-N 排放量(综合权值 0.142 260);影响最小的是流域人口增长率(综合权值为 0.000 015)。

表 4.14 小江水生态安全评价指标的权重

目标层 A	准则层 B	指标层 C	熵权	综合权重
小江水生态系统安全评价 A	驱动力 B1 0.15	人均 GDP C1	0.663 9	0.099 585
		流域工农产业总产值密度 C2	0.000 1	0.000 015
		三产业产值占 GDP 的比重 C3	0.000 1	0.000 015
		恩格尔系数 C4	0.000 1	0.000 015
		流域人均收入 C5	0.335 4	0.050 310
		城镇化率 C6	0.000 1	0.000 015
		流域人口密度 C7	0.000 2	0.000 030
		流域人口增长率 C8	0.000 1	0.000 015
	压力 B2 0.15	单位 GDP 能耗 C9	0.010 6	0.001 590
		单位工业增加值新鲜水耗 C10	0.023 2	0.003 480
		万元工业产值 CODCr 排放量 C11	0.014 8	0.002 220
		万元工业产值 NH_3-N 排放量 C12	0.948 4	0.142 260
		化肥施用强度(折纯) C13	0.002 6	0.000 390
		人均生活污水排放量 C14	0.000 2	0.000 030
		水资源开发利用率 C15	0.000 2	0.000 030
	状态 B3 0.3	河体 $\rho(CODCr)$ C16	0.000 3	0.000 090
		叶绿素(Chla) C17	0.258 2	0.077 460
		总磷(TP) C18	0.000 3	0.000 090
		总氮(TN) C19	0.257 2	0.077 160
		河体 $\rho(NH_3\text{-}N)$ C20	0.258 2	0.077 460
		流域人均水资源量 C21	0.000 2	0.000 060
		河流径流量 C22	0.000 2	0.000 060
		浮游植物多样性 C23	0.000 2	0.000 060
		浮游动物多样性 C24	0.000 1	0.000 030
		底栖生物多样性指数 C25	0.225 1	0.067 530

续表

目标层 A	准则层 B	指标层 C	熵权	综合权重
小江水生态系统安全评价 A	影响 B4 0.2	森林覆盖率 C26	0.005 1	0.001 020
		水土流失面积率 C27	0.010 7	0.002 140
		河流污染百分比 C28	0.984 2	0.196 840
	响应 B5 0.2	环保投入 C29	0.000 1	0.000 020
		工业废水处理率 C30	0.064 3	0.012 860
		城镇污水集中处理率 C31	0.064 2	0.012 840
		农村生活污水处理率 C32	0.000 1	0.000 020
		水土流失治理率 C33	0.871 2	0.174 240
		环保投资占GDP比重 C34	0.000 1	0.000 020

4.9.9 三峡库区典型支流——香溪河水生态安全评价结果与分析

1. 研究地域与背景

香溪河是三峡水库距坝首最近的支流,位于三峡大坝上游约 38 km。三峡水库蓄水后,香溪河下游约 33 km 的河道形成库湾(图 4.15)。2008 年夏季,香溪河库湾爆发蓝藻水华,几乎覆盖整个库湾,持续时间达 1 个月之余,这是香溪河库湾自三峡水库建库以来第一次如此大范围、大规模地爆发蓝藻水华,引起了人们的广泛关注。以下从全指标体系对香溪河进行水生态安全评估。

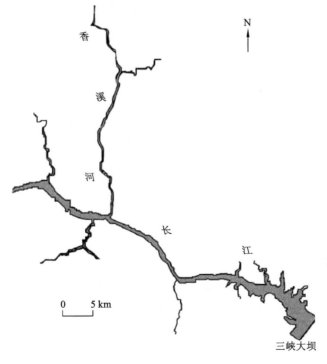

图 4.15 香溪河流域示意图

2. 数据来源与评价方法

评价指标数据源于2010～2015年的秭归县、兴山县国民经济和社会发展统计公报、《秭归年鉴》、《湖北省水资源公报》、《长江三峡工程生态与环境监测公报》等相关数据。支流评价体系借鉴三峡库区干流评价方法,选用一致的评价指标和标准值。

3. 评价结果与分析

根据各指标的权重 β_j 和指标数值经标准化处理后的数值 Y_{ij},运用水生态安全评价模型计算各子系统生态安全指数和系统生态安全指数(图4.16,图4.17)。

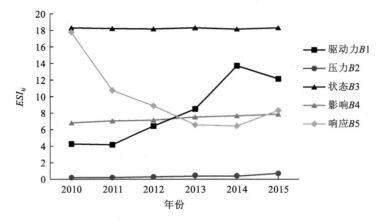

图4.16　2010～2015年香溪河各子系统生态安全分级结果

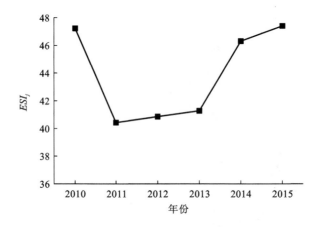

图4.17　2010～2015年香溪河水生态系统安全分级结果

1) 香溪河水生态安全指数时间变化特征

2010～2015年的水生态安全指数分别为47.26、40.43、40.83、41.26、46.29、47.23。对照水生态安全等级划分可知,2010～2015年均处于一般安全Ⅲ级标准范围内,2010～2011年水生态安全指数有下降趋势,主要原因是响应层次水土流失治理率指标下降。说明香溪河水生态安全整体处于一般安全状态,但是水生态安全状况有上升的趋势。影响层次河流污染百分比较高是香溪河水生态安全指数较低的主要原因。

2）基于 DPSIR 模型的水生态安全时间变化特征

香溪河水生态安全时间变化特征见表 4.15。

表 4.15　香溪河水生态安全随时间变化一览表

	2010 年	2011 年	2012 年	2013 年	2014 年	2015 年
驱动力 B1	4.25	4.18	6.34	8.47	13.69	12.08
压力 B2	0.22	0.25	0.30	0.40	0.42	0.68
状态 B3	18.26	18.19	18.21	18.37	18.13	18.28
影响 B4	6.81	7.03	7.13	7.47	7.63	7.89
响应 B5	17.72	10.78	8.85	6.54	6.41	8.30
系统安全指数	47.26	40.43	40.84	41.26	46.29	47.23

3）综合权值对香溪河水生态安全的影响

从表 4.16 中的驱动力、压力、状态、影响、响应五方面的综合权重值可以得出香溪河水生态安全不同方面影响程度,资源环境状态对香溪河水生态影响最大(综合权值 0.3),其次是资源环境影响和响应(综合权值均为 0.2),影响最小的是社会经济驱动力和资源环境压力(综合权值均为 0.15)。从指标层来看,对香溪河水生态安全影响最大的前三个因素依次是河流污染百分比(综合权值 0.199 960)、水土流失治理率(综合权值 0.165 360)、万元工业产值 NH_3-N 排放量(综合权值 0.099 915);影响最小的是流域人口增长率(综合权值为 0.000 015)。

表 4.16　香溪河水生态安全评价指标的权重

目标层 A	准则层 B	指标层 C	熵权	综合权重
香溪河水生态系统安全评价 A	驱动力 B1 0.15	人均 GDP　C1	0.273 3	0.040 995
		流域工农产业总产值密度　C2	0.000 1	0.000 015
		三产业产值占 GDP 的比重　C3	0.000 1	0.000 015
		恩格尔系数　C4	0.000 1	0.000 015
		流域人均收入　C5	0.726 1	0.108 915
		城镇化率　C6	0.000 1	0.000 015
		流域人口密度　C7	0.000 1	0.000 015
		流域人口增长率　C8	0.000 1	0.000 015
	压力 B2 0.15	单位 GDP 能耗　C9	0.011 0	0.001 650
		单位工业增加值新鲜水耗　C10	0.096 9	0.014 535
		万元工业产值 CODCr 排放量　C11	0.225 1	0.033 765
		万元工业产值 NH_3-N 排放量　C12	0.666 1	0.099 915
		化肥施用强度(折纯)　C13	0.000 6	0.000 090
		人均生活污水排放量　C14	0.000 2	0.000 030
		水资源开发利用率　C15	0.000 1	0.000 015

续表

目标层 A	准则层 B	指标层 C	熵权	综合权重
香溪河水生态系统安全评价 A	状态 B3 0.3	河体 ρ(CODCr) C16	0.000 1	0.000 030
		叶绿素(Chla) C17	0.136 2	0.040 860
		总磷(TP) C18	0.136 2	0.040 860
		总氮(TN) C19	0.136 2	0.040 860
		河体 ρ(NH$_3$-N) C20	0.136 2	0.040 860
		流域人均水资源量 C21	0.000 2	0.000 060
		河流径流量 C22	0.000 1	0.000 030
		浮游植物多样性 C23	0.151 6	0.045 480
		浮游动物多样性 C24	0.151 6	0.045 480
		底栖生物多样性指数 C25	0.151 6	0.045 480
	影响 B4 0.2	森林覆盖率 C26	0.000 1	0.000 020
		水土流失面积率 C27	0.000 1	0.000 020
		河流污染百分比 C28	0.999 8	0.199 960
	响应 B5 0.2	环保投入 C29	0.167 6	0.033 520
		工业废水处理率 C30	0.000 1	0.000 020
		城镇污水集中处理率 C31	0.000 1	0.000 020
		农村生活污水处理率 C32	0.005 3	0.001 060
		水土流失治理率 C33	0.826 8	0.165 360
		环保投资占 GDP 比重 C34	0.000 1	0.000 020

4.9.10 三峡库区典型支流——大宁河水生态安全评价结果与分析

1. 研究地域与背景

大宁河流域跨东经 108°44′～110°11′,北纬 31°04～31°44′,位于三峡库区腹心(图 4.18)。大宁河是三峡水库库中的一条典型支流,流域面积达 4 045 km² (图 4.18),年均温度为 16.6 ℃,年均降雨量为 1 124.5 mm,属湿润的亚热带季风气候,具有四季分明、夏热伏旱、冬暖春早、秋雨多、湿度大等特征。三峡库区蓄水后,大宁河于 2003 年 6 月,在双龙地区首次发生蓝藻水华,接下来的多年间,大宁河回水区水华时有发生。以下从全指标体系对香溪河进行水生态安全评估。

2. 数据来源与评价方法

评价指标数据源于 2010～2015 年的奉节县、巫溪县、巫山县国民经济和社会发展统计公报、《奉节年鉴》、《巫溪年鉴》、《巫山年鉴》、《重庆市水资源公报》、《长江三峡工程生态与环境监测公报》等相关数据。支流评价体系借鉴三峡库区干流评价方法,选用一致的评价指标和标准值。

3. 评价结果与分析

根据各指标的权重 β_j 和指标数值经标准化处理后的数值 Y_{ij},运用水生态安全评价

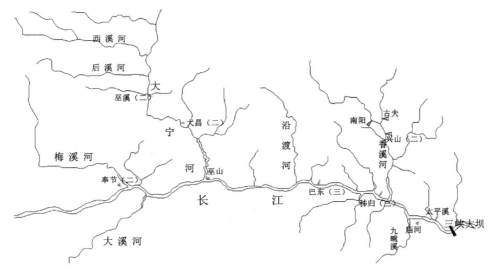

图 4.18 大宁河流域示意图

模型求算各子系统生态安全指数和系统生态安全指数(图 4.19,图 4.20)。

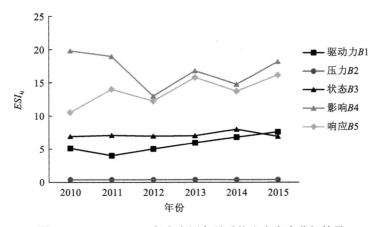

图 4.19 2010~2015 年大宁河各子系统生态安全分级结果

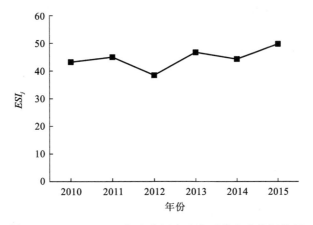

图 4.20 2010~2015 年大宁河水生态系统安全分级结果

1) 大宁河水生态安全指数时间变化特征

2010~2015 年的水生态安全指数分别为 43.07、44.95、38.05、46.48、44.02、49.78。对照水生态安全等级划分可知,2010~2015 年基本处于一般安全 III 级标准范围内,除 2012 年处于欠安全状态 IV 级标准范围内,大宁河水生态安全指数在 2010~2015 年水生态安全状况有较小波动,但是水生态安全状况呈现上升的趋势。状态层次总氮、总磷较高是大宁河水生态安全指数较低的主要原因。

2) 基于 DPSIR 模型的水生态安全时间变化特征

大宁河水生态安全随时间变化特征见表 4.17。

表 4.17 大宁河水生态安全随时间变化一览表

	2010 年	2011 年	2012 年	2013 年	2014 年	2015 年
驱动力 $B1$	5.18	4.09	5.13	6.01	6.88	7.71
压力 $B2$	0.37	0.40	0.45	0.47	0.45	0.47
状态 $B3$	7.02	7.18	7.12	7.14	8.08	6.97
影响 $B4$	19.88	19.15	13.07	16.95	14.84	18.33
响应 $B5$	10.62	14.14	12.28	15.90	13.77	16.30
系统安全指数	43.06	44.96	38.06	46.48	44.02	49.78

3) 综合权值对大宁河水生态安全的影响

从表 4.18 中的驱动力、压力、状态、影响、响应五方面的综合权重值可以得出大宁河水生态安全不同方面影响程度,资源环境状态对大宁河水生态影响最大(综合权值 0.3),其次是资源环境影响和响应(综合权值均为 0.2),影响最小的是社会经济驱动力和资源环境压力(综合权值均为 0.15)。从指标层来看,对大宁河水生态安全影响最大的前三个因素依次是河流污染百分比(综合权值 0.188 160)、万元工业产值 NH_3-N 排放量(综合权值 0.132 540)、水土流失治理率(综合权值 0.111 700);影响最小的是流域人口增长率(综合权值为 0.000 015)。

表 4.18 大宁河水生态安全评价指标的权重

目标层 A	准则层 B	指标层 C	熵权	综合权重
大宁河水生态系统安全评价 A	驱动力 $B1$ 0.15	人均 GDP $C1$	0.615 2	0.092 280
		流域工农产业总产值密度 $C2$	0.000 1	0.000 015
		三产业产值占 GDP 的比重 $C3$	0.000 2	0.000 030
		恩格尔系数 $C4$	0.000 1	0.000 015
		流域人均收入 $C5$	0.384 1	0.057 615
		城镇化率 $C6$	0.000 1	0.000 015
		流域人口密度 $C7$	0.000 1	0.000 015
		流域人口增长率 $C8$	0.000 1	0.000 015

续表

目标层 A	准则层 B	指标层 C	熵权	综合权重
大宁河水生态系统安全评价 A	压力 B2 0.15	单位 GDP 能耗 C9	0.020 3	0.003 045
		单位工业增加值新鲜水耗 C10	0.049 4	0.007 410
		万元工业产值 CODCr 排放量 C11	0.046 2	0.006 930
		万元工业产值 NH$_3$-N 排放量 C12	0.883 6	0.132 540
		化肥施用强度(折纯) C13	0.000 2	0.000 030
		人均生活污水排放量 C14	0.000 2	0.000 030
		水资源开发利用率 C15	0.000 1	0.000 015
	状态 B3 0.3	河体 ρ(CODCr) C16	0.000 1	0.000 030
		叶绿素(Chla) C17	0.236 3	0.070 890
		总磷(TP) C18	0.236 5	0.070 950
		总氮(TN) C19	0.000 1	0.000 030
		河体 ρ(NH$_3$-N) C20	0.000 1	0.000 030
		流域人均水资源量 C21	0.000 1	0.000 030
		河流径流量 C22	0.000 1	0.000 030
		浮游植物多样性 C23	0.000 1	0.000 030
		浮游动物多样性 C24	0.263 2	0.078 960
		底栖生物多样性指数 C25	0.263 4	0.079 020
	影响 B4 0.2	森林覆盖率 C26	0.059 1	0.011 820
		水土流失面积率 C27	0.000 1	0.000 020
		河流污染百分比 C28	0.940 8	0.188 160
	响应 B5 0.2	环保投入 C29	0.314 2	0.062 840
		工业废水处理率 C30	0.062 9	0.012 580
		城镇污水集中处理率 C31	0.056 1	0.011 220
		农村生活污水处理率 C32	0.000 6	0.000 120
		水土流失治理率 C33	0.558 5	0.111 700
		环保投资占 GDP 比重 C34	0.007 7	0.001 540

4.9.11 农业面源视角下三峡库区水生态安全评价——基于 DPSIR 分析

1. 农业面源视角下三峡库区水生态安全评价指标体系

在以前的研究中,通常把工业废水排放的点源污染作为流域水污染的研究对象,但随着点源污染控制技术日趋成熟、政府大量控制点源污染排放和相关法律法规及环境标准的出台,流域水环境安全状态一直没有好转的趋势,这使得人们从点源污染的研究视角转变到面源污染上来,而我国正是从农业国迈向工业国的过渡时期里,农业面源污染问题不可忽视,特别是人口众多、经济不太发达的地区,农业面源问题更值得关注。因此,本书从农业面源污染视角出发来评价水生态安全状态显得尤其具有意义。

指标的选取涉及诸多要素,除遵循科学性、完备性、针对性、可比性和可操作性的一些共性原则外,还需体现农业面源污染与环境安全状况。但是生态系统安全的概念太宽泛,为了使研究的问题更具体、更突出农业面源污染对三峡库区生态环境的影响,依据DPSIR模型,从环境安全状况出发,构建了能反映农业面源污染的驱动力子系统和压力子系统以及能反映水环境安全状况的状态子系统、影响子系统和响应子体系(表4.19),各子系统选取评价指标如下。

(1) 驱动力子系统:由于本书主要考虑农业活动对目标区域水生态安全的影响,因而指标选取主要从农业外部驱动力入手,涉及经济发展驱动力、社会发展驱动力指标两方面。本书共选取了5个相关指标,分别是第一产业增长率、第一产业对GDP贡献率、第一产业服务业产值增长率、人口自然增长率、城镇化率。

(2) 压力子系统:压力是由农业活动造成的,是驱动力指标的表现形式。目前影响水生态安全性的主要压力包括水资源需求压力和环境压力。针对这两种压力分别选取了粮食产量、单位耕地面积化肥施用量、畜牧存栏量(以猪计)、总供水量、地表径流量、常用耕地面积6个指标。

(3) 状态子系统:状态是在驱动力和压力共同作用下区域水资源表现出的物理或化学可测特征。本书选取6个反映三峡库区水资源状态指标,分别是常用人均水资源量、河体$\rho(COD_{Cr})$、叶绿素(Chla)、总磷(TP)、总氮(TN)、河体$\rho(NH_3\text{-}N)$。

(4) 影响子系统:农业面源污染对水生态安全的影响主要通过森林覆盖率、水土流失面积率、河流污染百分比3个指标表示。

(5) 响应子系统:响应描述了人类应对农业面源污染而引起的流域生态安全变化的一系列积极措施,包括环保投入、农村生活污水处理率、水土流失治理率3个指标。

表4.19 农业面源视角下三峡库区水生态安全评价指标体系

目标层A	准则层B	指标层C	单位
农业面源视角下三峡库区水生态系统安全评价 A	驱动力B1	第一产业增长率 C1	%
		第一产业对GDP贡献率 C2	%
		第一产业服务业产值增长率 C3	%
		人口自然增长率 C4	‰
		城镇化率 C5	%
	压力B2	粮食产量 C6	t
		单位耕地面积化肥施用量 C7	t/km²
		畜牧存栏量(以猪计)万头 C8	万头
		总供水量 C9	亿m³
		地表径流量 C10	mm
		常用耕地面积 C11	千hm²

续表

目标层 A	准则层 B	指标层 C	单位
农业面源视角下三峡库区水生态系统安全评价 A	状态 B3	人均水资源量 C12	m³
		河体 ρ(CODCr) C13	mg/L
		叶绿素(Chla) C14	mg/L
		总磷(TP) C15	mg/L
		总氮(TN) C16	mg/L
		河体 ρ(NH$_3$-N) C17	mg/L
	影响 B4	森林覆盖率 C18	%
		水土流失面积率 C19	%
		河流污染百分比 C20	%
	响应 B5	环保投入 C21	万元
		农村生活污水处理率 C22	%
		水土流失治理率 C23	%

2. 评价指标标准值

各个评价指标的变量以生态系统安全评价指标的标准值进行标准化处理,使其各个评价指标在整个生态系统上具有可比性,以此消除量纲的影响(表 4.20)。

表 4.20 农业面源视角下三峡库区水生态安全评价标准值

指标	指标属性	标准值	标准值来源	单位
C1	负	3.59	均值	%
C2	负	7.50	均值	%
C3	正	7.10	均值	%
C4	正	4.97	均值	‰
C5	负	51.10	国家十二五规划	%
C6	负	228 567	均值	t
C7	负	0.25	中国生态县和生态乡镇建设要求标准	t/km²
C8	负	46.19	均值	万头
C9	负	3.60	均值	亿 m³
C10	负	1 209.99	均值	mm
C11	负	10 951	均值	千 hm²
C12	正	473.00	国家十二五规划	m³
C13	负	20.00	地表水环境质量标准 III 类水体	mg/L
C14	负	0.01	地表水环境质量标准 III 类水体	mg/L
C15	负	0.20	地表水环境质量标准 III 类水体	mg/L
C16	负	1.00	地表水环境质量标准 III 类水体	mg/L

续表

指标	指标属性	标准值	标准值来源	单位
$C17$	负	1.00	地表水环境质量标准III类水体	mg/L
$C18$	正	45.00	重庆市十二五规划	%
$C19$	负	35.00	均值	%
$C20$	负	12.00	均值	%
$C21$	正	18 159.00	均值	万元
$C22$	正	60.00	农村的生活污水处理设施建设	%
$C23$	正	3.50	均值	%

本书标准值的选取,对不易获得的指标标准值,选用六年平均值。通过自身数据的比较可以得出六年中水生态安全的无序程度,并用其计算权值,从而可以得到水生态安全的演变趋势。

3. 农业面源视角下三峡库区评价结果与分析

1) 农业面源视角下三峡库区整体水生态安全评价

根据各指标的权重 β_j 和指标数值经标准化处理后的数值 Y_{ij},运用水生态安全评价模型计算各子系统生态安全指数和系统生态安全指数(图 4.21,图 4.22)。

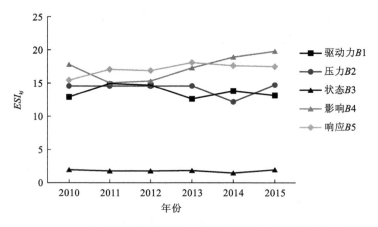

图 4.21 2010~2015 年农业面源视角下三峡库区整体各子系统生态安全分级结果

① 农业面源视角下三峡库区整体水生态安全指数时间变化特征

从图 4.21 水生态安全分级结果可以看出:2010~2015 年的水生态安全指数分别为 63.02、63.52、63.60、64.69、64.27、67.36。对照水生态安全等级划分可知,2010~2015 年均处于较安全 II 级标准范围内,水生态安全指数保持平稳增长。从农业面源角度分析说明库区整体水生态安全处于较安全状态,且水生态安全状况呈现上升的趋势。

② 基于 DPSIR 模型的水生态安全时间变化特征

农业面源视角下三峡库区整体水生态安全随时间变化见表 4.21。

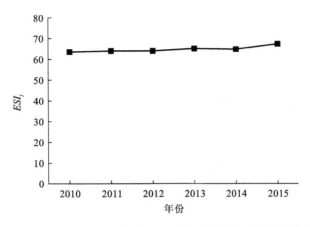

图4.22 2010～2015年农业面源视角下三峡库区整体水生态系统安全分级结果

表4.23 农业面源视角下三峡库区整体水生态安全随时间变化一览表

	2010年	2011年	2012年	2013年	2014年	2015年
驱动力 $B1$	12.98	14.90	14.74	12.70	13.88	13.24
压力 $B2$	14.68	14.54	14.55	14.57	12.18	14.77
状态 $B3$	1.97	1.91	1.93	1.96	1.65	1.99
影响 $B4$	17.92	15.05	15.46	17.33	18.94	19.87
响应 $B5$	15.46	17.12	16.92	18.12	17.62	17.50
系统安全指数	63.02	63.53	63.60	64.69	64.27	67.37

③ 综合权值对农业面源视角下三峡库区整体水生态安全的影响

从表4.22中的驱动力、压力、状态、影响、响应五方面的综合权重值可以得出农业面源视角下三峡库区整体水生态安全不同方面影响程度，资源环境状态对农业面源视角下三峡库区整体水生态影响最大（综合权值0.3），其次是资源环境影响和响应（综合权值均为0.2），影响最小的是社会经济驱动力和资源环境压力（综合权值均为0.15）。从指标层来看，对农业面源视角下三峡库区整体水生态安全影响最大的前三个因素依次是河流污染百分比（综合权值0.169 920）、环保投入（综合权值0.109 560）、地表径流量（综合权重0.103 935）；影响最小的是人均水资源量（综合权值为0.000 060）。

表4.22 农业面源视角下三峡库区整体水生态安全评价指标的权重

目标层 A	准则层 B	指标层 C	单位	
农业面源视角下三峡库区整体水生态系统安全评价 A	驱动力 $B1$ 0.15	第一产业增长率 $C1$	0.220 5	0.033 075
		第一产业对GDP贡献率 $C2$	0.026 7	0.004 005
		第一产业服务业产值增长率 $C3$	0.095 4	0.014 310
		人口自然增长率 $C4$	0.591 9	0.088 785

续表

目标层 A	准则层 B	指标层 C	单位	
		城镇化率 C5	0.065 5	0.009 825
		粮食产量 C6	0.040 2	0.006 030
	压力 B2	单位耕地面积化肥施用量 C7	0.191 4	0.028 710
	0.15	畜牧存栏量（以猪计）万头 C8	0.004 4	0.000 660
		总供水量 C9	0.055 1	0.008 265
		地表径流量 C10	0.692 9	0.103 935
农业面源视角下		常用耕地面积 C11	0.016 0	0.002 400
三峡库区整体		人均水资源量 C12	0.000 2	0.000 060
水生态系统	状态 B3	河体 ρ(CODCr) C13	0.000 2	0.000 060
安全评价 A	0.3	叶绿素(Chla) C14	0.249 9	0.074 970
		总磷(TP) C15	0.249 9	0.074 970
		总氮(TN) C16	0.249 9	0.074 970
		河体 ρ(NH$_3$-N) C17	0.249 9	0.074 970
	影响 B4	森林覆盖率 C18	0.070 1	0.014 020
	0.2	水土流失面积率 C19	0.080 3	0.016 060
	响应 B5	河流污染百分比 C20	0.849 6	0.169 920
	0.2	环保投入 C21	0.547 8	0.109 560
		农村生活污水处理率 C22	0.107 7	0.021 540

2）农业面源视角下三峡库区库首水生态安全评价

根据各指标的权重 β_j 和指标数值经标准化处理后的数值 Y_{ij}，运用水生态安全评价模型计算各子系统生态安全指数和系统生态安全指数（图 4.23，图 4.24）。

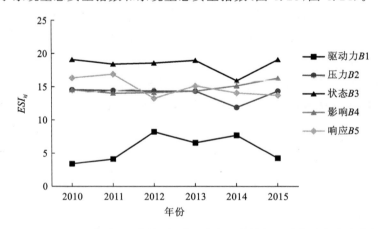

图 4.23　2010~2015 年农业面源视角下三峡库区库首各子系统生态安全分级结果

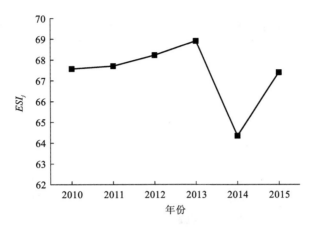

图 4.24 2010～2015 农业面源视角下年三峡库区库首水生态系统安全分级结果

① 农业面源视角下三峡库区库首水生态安全指数时间变化特征

从图 4.23 水生态安全分级结果可以看出：2010～2015 年的水生态安全指数分别为 67.57、67.70、68.21、68.91、64.31、67.40。对照水生态安全等级划分可知，2010～2015 年均处于较安全状态 II 级标准范围内，2013～2014 水生态安全指数有较小下降趋势，主要原因是状态层次总氮、总磷增加和压力层次地表径流量增加。从农业面源角度分析说明三峡库区库首水生态安全处于较安全状态，且水生态安全状况总体呈现上升趋势。

② 基于 DPSIR 模型的水生态安全时间变化特征

农业面源视角下三峡库区库首水生态安全随时间变化特征见表 4.23。

表 4.23 农业面源视角下三峡库区库首水生态安全随时间变化一览表

	2010 年	2011 年	2012 年	2013 年	2014 年	2015 年
驱动力 B1	3.42	4.10	8.23	6.57	7.65	4.25
压力 B2	14.48	14.36	14.23	14.31	11.83	14.25
状态 B3	18.89	18.31	18.50	18.80	15.75	19.07
影响 B4	14.53	14.04	14.09	14.24	15.09	16.25
响应 B5	16.24	16.88	13.17	15.00	14.01	13.58
系统安全指数	67.57	67.70	68.22	68.91	64.32	67.40

③ 综合权值对农业面源视角下三峡库区库首水生态安全的影响

从表 4.24 中的驱动力、压力、状态、影响、响应五方面的综合权重值可以得出农业面源视角下三峡库区库首水生态安全不同方面影响程度，资源环境状态对农业面源视角下三峡库区库首水生态影响最大（综合权值 0.3），其次是资源环境影响和响应（综合权值均为 0.2），影响最小的是社会经济驱动力和资源环境压力（综合权值均为 0.15）。从指标层来看，对农业面源视角下三峡库区库首水生态安全影响最大的前三个因素依次是河流污染百分比（综合权值 0.166 460）、人口自然增长率（综合权值 0.131 910）、地表径流量（综合权重 0.118 305）；影响最小的是城镇化率（综合权值为 0.000 015）。

表 4.24 农业面源视角下三峡库区库首水生态安全评价指标的权重

目标层 A	准则层 B	指标层 C		单位
农业面源视角下三峡库区库首水生态系统安全评价 A	驱动力 B1 0.15	第一产业增长率 C1	0.119 5	0.017 925
		第一产业对 GDP 贡献率 C2	0.000 9	0.000 135
		第一产业服务业产值增长率 C3	0.000 1	0.000 015
		人口自然增长率 C4	0.879 4	0.131 910
	压力 B2 0.15	城镇化率 C5	0.000 1	0.000 015
		粮食产量 C6	0.000 2	0.000 030
		单位耕地面积化肥施用量 C7	0.048 5	0.007 275
		畜牧存栏量(以猪计)万头 C8	0.156 8	0.023 520
		总供水量 C9	0.005 7	0.000 855
		地表径流量 C10	0.788 7	0.118 305
	状态 B3 0.3	常用耕地面积 C11	0.000 1	0.000 015
		人均水资源量 C12	0.000 2	0.000 060
		河体 $\rho(CODCr)$ C13	0.000 2	0.000 060
		叶绿素(Chla) C14	0.249 9	0.074 970
		总磷(TP) C15	0.249 9	0.074 970
		总氮(TN) C16	0.249 9	0.074 970
	影响 B4 0.2	河体 $\rho(NH_3-N)$ C17	0.249 9	0.074 970
		森林覆盖率 C18	0.000 1	0.000 020
		水土流失面积率 C19	0.167 6	0.033 520
	响应 B5 0.2	河流污染百分比 C20	0.832 3	0.166 460
		环保投入 C21	0.479 1	0.095 820
		农村生活污水处理率 C22	0.030 3	0.006 060

3) 农业面源视角下三峡库区库腹水生态安全评价

根据各指标的权重 β_j 和指标数值经标准化处理后的数值 Y_{ij}，运用水生态安全评价模型计算各子系统生态安全指数和系统生态安全指数(图 4.25,图 4.26)。

① 农业面源视角下三峡库区库腹水生态安全指数时间变化特征

从图 4.25 水生态安全分级结果可以看出：2010~2015 年的水生态安全指数分别为 67.57、67.70、68.21、68.91、64.31、67.40。对照水生态安全等级划分可知，2010~2015 年均处于较安全状态 II 级标准范围内，2013~2014 年水生态安全指数有较小下降趋势，主要原因是状态层次总氮总磷增加和压力层次地表径流量增加。从农业面源角度分析说明三峡库区库腹水生态安全处于较安全状态，且水生态安全状况总体呈现上升趋势。

② 基于 DPSIR 模型的水生态安全时间变化特征

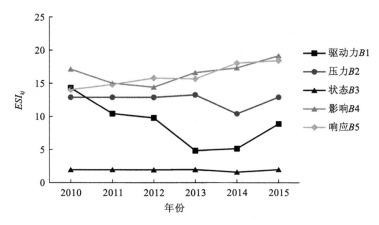

图 4.25　2010～2015 年农业面源视角下三峡库区库腹各子系统生态安全分级结果

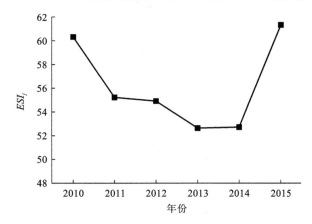

图 4.26　2010～2015 年农业面源视角下三峡库区库腹水生态系统安全分级结果

表 4.25　农业面源视角下三峡库区库腹水生态安全随时间变化一览表

	2010 年	2011 年	2012 年	2013 年	2014 年	2015 年
驱动力 B1	14.26	10.34	9.75	4.94	5.20	8.91
压力 B2	12.93	12.93	12.92	13.31	10.47	12.87
状态 B3	2.00	1.94	1.96	1.99	1.67	2.02
影响 B4	17.09	15.13	14.48	16.69	17.44	19.15
响应 B5	14.05	14.85	15.80	15.69	17.95	18.36
系统安全指数	60.32	55.19	54.90	52.63	52.72	61.30

③ 综合权值对农业面源视角下三峡库区库腹水生态安全的影响

从表 4.26 中的驱动力、压力、状态、影响、响应五方面的综合权重值可以得出农业面源视角下三峡库区库腹水生态安全不同方面影响程度,资源环境状态对农业面源视角下三峡库区库腹水生态影响最大(综合权值 0.3),其次是资源环境影响和响应(综合权值均为 0.2),影响最小的是社会经济驱动力和资源环境压力(综合权值均为 0.15)。从指标层来看,对农业面源视角下三峡库区库腹水生态安全影响最大的前三个因素依次是环保投入(综合权值 0.183 980)河流污染百分比(综合权值 0.170 160)、总磷(综合权值 0.149 880);影响最小的是单位耕地面积化肥施用量(综合权值为 0.000 015)。

表 4.26 农业面源视角下三峡库区库腹水生态安全评价指标的权重

目标层 A	准则层 B	指标层 C	单位	
农业面源视角下三峡库区库腹水生态系统安全评价 A	驱动力 B1 0.15	第一产业增长率 C1	0.055 5	0.008 325
		第一产业对 GDP 贡献率 C2	0.219 1	0.032 865
		第一产业服务业产值增长率 C3	0.001 6	0.000 240
		人口自然增长率 C4	0.723 7	0.108 555
	压力 B2 0.15	城镇化率 C5	0.000 1	0.000 015
		粮食产量 C6	0.247 3	0.037 095
		单位耕地面积化肥施用量 C7	0.000 1	0.000 015
		畜牧存栏量(以猪计)万头 C8	0.020 2	0.003 030
	状态 B3 0.3	总供水量 C9	0.002 8	0.000 420
		地表径流量 C10	0.650 6	0.097 590
		常用耕地面积 C11	0.079 0	0.011 850
		人均水资源量 C12	0.000 2	0.000 060
		河体 ρ(CODCr) C13	0.000 2	0.000 060
		叶绿素(Chla) C14	0.499 6	0.149 880
		总磷(TP) C15	0.499 6	0.149 880
		总氮(TN) C16	0.000 2	0.000 060
	影响 B4 0.2	河体 ρ(NH$_3$-N) C17	0.000 2	0.000 060
		森林覆盖率 C18	0.061 4	0.012 280
		水土流失面积率 C19	0.087 8	0.017 560
	响应 B5 0.2	河流污染百分比 C20	0.850 8	0.170 160
		环保投入 C21	0.919 9	0.183 980
		农村生活污水处理率 C22	0.000 1	0.000 020

4) 农业面源视角下三峡库区库尾水生态安全评价

根据各指标的权重 β_i 和指标数值经标准化处理后的数值 Y_{ij},运用水生态安全评价模型计算各子系统生态安全指数和系统生态安全指数(图 4.27,图 4.28)。

① 农业面源视角下三峡库区库尾水生态安全指数时间变化特征

从图 4.27 水生态安全分级结果可以看出:2010~2015 年的水生态安全指数分别为 76.96、78.01、78.97、83.37、81.63、83.50。对照水生态安全等级划分可知,2010~2012 年均处于较安较状态 II 级标准范围内,2013~2015 年均处于安全 I 级标准范围内,2013~2014 水生态安全指数有下降趋势主要原因是压力层次地表径流量增加。说明三

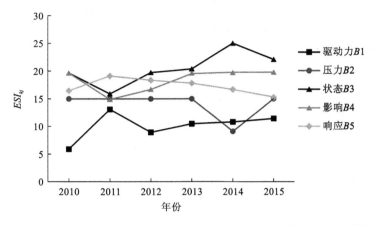

图 4.27　2010～2015 年农业面源视角下三峡库区库尾各子系统生态安全分级结果

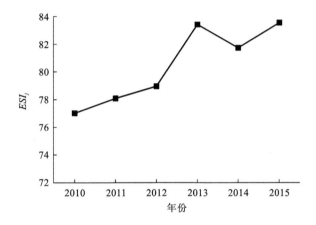

图 4.28　2010～2015 年农业面源视角下三峡库区库尾水生态系统安全分级结果

峡库区库尾水生态安全处于安全状态,且水生态安全状况有上升的趋势。

② 基于 DPSIR 模型的水生态安全时间变化特征

表 4.27　农业面源视角下三峡库区库尾水生态安全随时间变化一览表

	2010 年	2011 年	2012 年	2013 年	2014 年	2015 年
驱动力 $B1$	6.01	13.06	9.05	10.58	10.81	11.35
压力 $B2$	14.99	14.99	14.95	14.95	9.15	14.93
状态 $B3$	19.73	15.82	19.83	20.42	25.12	22.14
影响 $B4$	19.68	14.94	16.77	19.60	19.76	19.77
响应 $B5$	16.55	19.20	18.39	17.83	16.80	15.32
系统安全指数	76.96	78.01	78.98	83.38	81.64	83.50

③ 综合权值对农业面源视角下三峡库区库尾水生态安全的影响

从表 4.28 中的驱动力、压力、状态、影响、响应五方面的综合权重值可以得出农业面源视角下三峡库区库尾水生态安全不同方面影响程度,资源环境状态对农业面源视角下三峡库区库尾水生态影响最大(综合权值 0.3),其次是资源环境影响和响应(综合权值均为 0.2),影响最小的是社会经济驱动力和资源环境压力(综合权值均为 0.15)。从指标层来看,对农业面源视角下三峡库区库尾水生态安全影响最大的前三个因素依次是人均水资源量(综合权值 0.217 200)河流污染百分比(综合权值 0.186 460)、地表径流量(综合权重 0.128 700);影响最小的是粮食产量(综合权值为 0.000 015)。

表 4.28 农业面源视角下三峡库区库尾水生态安全评价指标的权重

目标层 A	准则层 B	指标层 C	单位	
农业面源视角下三峡库区库尾水生态系统安全评价 A	驱动力 B1 0.15	第一产业增长率 C1	0.005 9	0.000 885
		第一产业对 GDP 贡献率 C2	0.000 1	0.000 015
		第一产业服务业产值增长率 C3	0.983 5	0.147 525
		人口自然增长率 C4	0.001 9	0.000 285
	压力 B2 0.15	城镇化率 C5	0.008 6	0.001 290
		粮食产量 C6	0.000 1	0.000 015
		单位耕地面积化肥施用量 C7	0.003 4	0.000 510
		畜牧存栏量(以猪计)万头 C8	0.000 2	0.000 030
		总供水量 C9	0.000 1	0.000 015
		地表径流量 C10	0.996 1	0.149 415
	状态 B3 0.3	常用耕地面积 C11	0.000 1	0.000 015
		人均水资源量 C12	0.724 0	0.217 200
		河体 ρ(CODCr) C13	0.000 2	0.000 060
		叶绿素(Chla) C14	0.091 9	0.027 570
		总磷(TP) C15	0.000 2	0.000 060
		总氮(TN) C16	0.091 9	0.027 570
	影响 B4 0.2	河体 ρ(NH$_3$-N) C17	0.091 8	0.027 540
		森林覆盖率 C18	0.067 6	0.013 520
		水土流失面积率 C19	0.000 1	0.000 020
	响应 B5 0.2	河流污染百分比 C20	0.932 3	0.186 460
		环保投入 C21	0.362 1	0.072 420
		农村生活污水处理率 C22	0.051 8	0.010 360

第 5 章　三峡库区水生态安全调控对策

5.1　三峡库区水环境问题诊断

5.1.1　三峡库区干流水环境问题诊断

以三峡库区干流不同断面不同时间的水质监测数据为基础,从空间、时间等角度分析评价干流断面水质,基本结论如下。

(1) TN 和 TP 在各个断面均处于超标状态。除 TN 和 TP 后对库区水质进行单因子评价,结果显示,库区长江干流重要断面年平均水质达标率为 62.5%,其中寸滩、长寿、清溪场三个断面 2008～2012 年水质均低于 III 类标准,超标因子是粪大肠菌群,说明在三峡库区上游,生活污水对库区水质污染较为严重。

(2) 2008～2012 年,长江干流各个断面 TN 含量水平均处于 V 类,含量水平处于 1.5～2.0 mg/L;对于 TP,2008～2012 年清溪场断面磷污染超标较其他断面严重,从上游到下游,TP 浓度有减小的趋势;以湖库标准对官渡口、巴东、庙河这三个断面评价,其 TP 含量一直处于超标状态,且随时间推移有上升的趋势。

(3) 在 2012 年,库区干流 8 个断面中,清溪场断面污染最为严重;奉节断面相对其他断面来说水质较好。奉节断面及其上游各断面,五日生化需氧量、氨氮、高锰酸盐指数这三者对水质污染贡献最大;在奉节断面以下至库首庙河断面,TN 和 TP 污染突出,呈现富营养化态势。

(4) 2008～2012 年,清溪场断面硝酸盐氮、TP、五日生化需氧量、TN 的污染有加剧趋势;高锰酸盐指数和粪大肠菌群的污染程度没有较大变化;而氨氮的污染有一定程度降低。奉节断面在 2008～2012 年,整体水质质量在波动中有所下降,其中营养性物质的污染程度有所加大。

(5) 经聚类分析,将三峡库区干流断面大致分成三类。第一类为位于库区上游的寸滩、长寿、清溪场三个断面,第二类为位于库区中段的奉节和万州两个断面,第三类为位于库首的庙河、巴东、官渡口三个断面。依托这一分类,将库区分为库首、库腹和库尾三个水体单元。

(6) 为研究 TN 和 TP 在库区空间上污染变化特征,用聚类分析法对干流 8 个断面聚类。以 TP 数据为分类基础时,将库区干流断面分为三类,其中清溪场断面自成一类,官渡口、巴东、庙河三个断面分为一类;寸滩、长寿、万州、奉节四个断面分为一大类;其中将四个断面中位于上游的寸滩和长寿分为一小类,下游的万州和奉节划为另一类。以 TN 数据为分类基础时,将三峡库区干流断面分为三大类,其中寸滩、长寿断面为一类,清溪场、万州、奉节断面为一类,官渡口、巴东、庙河为一类。

(7) 在不同水位条件下分析库区水质污染空间特征,其结果如下。

① 在蓄水前期,污染呈现出两端较重、库中较轻的特点。在万州和奉节这两个断面,水质最好。前三个断面以五日生化需氧量、氨氮、硫酸盐污染为主,后三个断面以有机物污染为主。

② 在汛期,从库尾到库首,污染逐渐降低,寸滩污染最为严重。在长江汛期期间,水流量大,特别是在库首,水流量很大,水体更新快,污染能最大程度地得到稀释;而在库尾则相反,这个时期的污染主要是生活废水和农业污水。

③ 在库区蓄水期,万州和奉节断面水质较好,在万州断面以前三个断面受生活污水污染的影响明显,从万州断面开始,水质关键因子为硫酸盐、氨氮、溶解氧,一定程度上反映了营养化程度。

④ 在高水位运行期,营养性物质为上游寸滩至奉节断面的主要污染物,且营养性物质整体上呈下降趋势;库区上游和下游断面好氧性有机污染物较高,中部断面较低;在库区下游好氧性有机物为主要污染物。

5.1.2 三峡库区典型支流水环境问题诊断

三峡大坝高水位运行对库区支流水环境的影响一直是备受关注的问题。本书以三峡库区典型支流香溪河和大宁河为例,基于Delft3D模型,进行水动力水质模拟研究。研究结论如下。

(1) 香溪河水文水质模拟分析表明,在汛期,香溪河呈现典型的"河相",流速较大,下游河段保持较大的均衡流速。此时香溪河流速沿河道递减,符合天然河流的特征。在蓄水期,香溪河的"湖相"化趋势明显。受长江水位抬升影响,支流入江受阻,水流变得十分缓慢,流速在 0.04 m/s 以下,在下游河道平面上水流出现了多个"涡旋",此时水流停滞不前,形成回水区。

(2) 香溪河的水动力条件对水质状况影响巨大,在三峡水库蓄水期,由于香溪河水流速度极其缓慢,极大地影响 NH_3-N 随水流的扩散过程,污染物容易停留在回水区。

(3) 在三峡水库高水位和低水位运行条件下,对大宁河的水流流场沿河分布进行了模拟分析,结果表明,大宁河在三峡大坝低水位期水流已处于缓慢状态,在与干流交汇处的库湾已具有湖库的典型特征,水流趋于静止,水体的自净能力大大减小;在三峡大坝高水位期水流更为缓慢,库湾回水区在整个高水位运行期都是典型湖相库区,水流已接近静止状态,爆发水华等水环境事故的概率大大增加。

5.2 三峡库区水生态安全问题解析

从水生态安全状况出发,本书构建了能反映水环境安全状况的状态子系统、影响子系统和响应子体系,即DPSIR模型体系。通过层次分析法和熵权法计算得到三峡库区的生态安全指数,研究结论如下。

(1) 三峡库区在 2010~2012 年的整体生态安全处于预警状态,到 2013~2015 年已经逐步进入了较安全状态,且这一过程具有明显的上升趋势。从指标层来看,对三峡库区整体水生态安全影响最大的前三个因素依次是河流污染百分比(综合权值 0.184 74)、万元工业产值 NH_3-N 排放量(综合权值 0.134 385)、环保投入占 GDP 比重(综合权重 0.128 7);影响最小的是流域人口增长率(综合权值为 0.000 015)。

(2) 本书进一步依托前期三峡库区水体单元划分,三峡库区干流不同水体单元——库首、库腹和库尾的水生态安全进行评价,结果如下。

① 库首水生态安全处于预警状态,但是水生态安全状况有上升的趋势。河流污染百分比(综合权值 0.195 5)、水土流失治理率(综合权值 0.182 68)、万元工业产值 COD/Cr 排放量(综合权值 0.076 755)是影响库首水生态安全的最大因子;影响最小的是城镇污水集中处理率(综合权值为 0.000 02)。

② 库腹水生态安全处于预警状态,且水生态安全状况同样有上升的趋势。库腹水生态安全影响最大的前三个因素依次是河流污染百分比(综合权值 0.186 52)、万元工业产值 NH_3-N 排放量(综合权值 0.127 56)、环保投入(综合权值 0.123 42);影响最小的是流域工农产业总产值密度(综合权值为 0.000 015)。

③ 库尾水生态安全处于安全状态,且水生态安全状况有上升的趋势。从指标层来看,对三峡库区库尾水生态安全影响最大的前三个因素依次是流域人均水资源量(综合权值 0.201 03)、河流污染百分比(综合权值 0.167 92)、水土流失治理率(综合权值 0.095 98);影响最小的是流域人口增长率(综合权值 0.000 015)。

(3) 本书进一步针对三峡库区高水位运行对库区支流水文水动力影响严重这一现象,选取库区库首、库腹和库尾的典型支流——香溪河、大宁河和小江的水生态安全进行评价,结果如下。

① 小江水生态安全整体处于一般安全状态,但是水生态安全状况有上升的趋势。小江水生态安全影响最大的前三个因素依次是河流污染百分比(综合权值 0.196 84)、水土流失治理率(综合权值 0.174 24)、万元工业产值 NH_3-N 排放量(综合权值 0.142 26);影响最小的是流域人口增长率(综合权值为 0.000 015)。

② 香溪河水生态安全整体处于预警状态,尤其是在 2011 年,香溪河水生态安全呈现了明显的下降趋势;但在 2011~2015 年,香溪河水生态安全状况又开始逐步上升。从指标层来看,对香溪河水生态安全影响最大的前三个因素依次是河流污染百分比(综合权值 0.199 96)、水土流失治理率(综合权值 0.165 36)、万元工业产值 NH_3-N 排放量(综合权值 0.099 915);影响最小的是流域人口增长率(综合权值为 0.000 015)。

③ 大宁河的水生态安全处于预警和中警状态,水生态安全形势严峻。从指标层来看,对大宁河水生态安全影响最大的前三个因素依次是河流污染百分比(综合权值 0.188 16)、万元工业产值 NH_3-N 排放量(综合权值 0.132 54)、水土流失治理率(综合权值 0.111 7);影响最小的是流域人口增长率(综合权值为 0.000 015)。

(4) 为进一步有针对性的评估三峡库区水生态安全状况,基于三峡库区农业面源污染现状,本书开展了农业面源视角下三峡库区水生态安全评价研究,研究结论如下。

① 农业面源视角评估下,库区整体水生态安全处于较安全状态,且水生态安全状况呈现上升的趋势。从指标层来看,对农业面源视角下三峡库区整体水生态安全影响最大的前三个因素依次是河流污染百分比(综合权值 0.169 92)、环保投入(综合权值 0.109 56)、地表径流量(综合权重 0.103 935);影响最小的是人均水资源量(综合权值为 0.000 06)。

② 农业面源视角评估下，库首水生态安全虽处于较安全状态，但在 2014 年呈现出了下降趋势。从指标层来看，对农业面源视角下三峡库区库首水生态安全影响最大的前三个因素依次是河流污染百分比（综合权值 0.166 46）、人口自然增长率（综合权值 0.131 91）、地表径流量（综合权重 0.118 305）；影响最小的是城镇化率（综合权值为 0.000 015）。

③ 农业面源视角评估下，库腹水生态安全虽处于预警状态，在 2010~2014 年呈现了明显的下降趋势，但这一结果在 2015 年呈现了明显的上升。从指标层来看，对农业面源视角下三峡库区库腹水生态安全影响最大的前三个因素依次是环保投入（综合权值 0.183 98）、河流污染百分比（综合权值 0.170 16）、TP（综合权值 0.149 88）；影响最小的是单位耕地面积化肥施用量（综合权值为 0.000 015）。

④ 农业面源视角评估下，库尾水生态安全为安全状态，且仍呈现出了上升趋势。从指标层来看，对农业面源视角下三峡库区库尾水生态安全影响最大的前三个因素依次是人均水资源量（综合权值 0.217 2）、河流污染百分比（综合权值 0.186 46）、地表径流量（综合权重 0.128 7）；影响最小的是粮食产量（综合权值为 0.000 015）。

5.3 三峡库区生态产业发展及水污染防治对策

在传统的经济体制下，库区的经济发展一直采取的是粗放型的增长方式，其基本特征是高速度、高投入、高消耗与低质量、低产出、低效益的统一。可持续发展的本质问题是资源节约利用。三峡库区必须建立科学的、节约型的国民经济新体系，保证可支配资源得到合理而有效的利用。因此，三峡库区实现资源利用可持续发展的主要途径，一是实施湖区经济的"两个根本转变"；二是建立节约型的国民经济新体系；三是建立完备的公众参与机制。

5.3.1 产业发展模式

1. 工业——清洁生产

清洁生产是指将综合预防环境策略持续地应用于生产过程和产品中，以便减少对人类和环境的风险性。对生产过程而言，清洁生产包括节约原材料和能源，淘汰有毒原材料并在全部排放物和废物离开生产过程以前减少它们的数量和毒性。对产品而言，清洁生产策略旨在减少产品在整个生产周期过程中对人类和环境的影响。三峡库区的清洁生产要做到以上两点。

2. 废物资源化和无害化

在工业生产过程中的各个环节都可能会有废弃物和有害物质的排放，传统工业生产对这部分废弃物往往采用排入环境的处置方法，结果造成了严重的环境污染，同时也使这部分资源白白地浪费。清洁生产则注重以废弃物为原料，进行重新加工利用，变废为宝，不仅拉长了产业链条，同时也使对环境的污染减少到最低限度。

3. 污染源头控制

环境污染产生于生产的各个环节之中，但传统环境保护模式主要侧重于在生产过程之后控制污染物排放标准或者对污染的环境进行治理,即侧重于末端控制。这样往往使工厂的环境保护工程成为企业运转的一种额外负担,环保与生产之间发生矛盾。在经济效益和环境之间,对于以追求经济效益为主要目标的企业来说,往往选择前者,环境保护并没有成为企业的自觉行动,同时能源、资源也得不到有效利用。清洁生产则注重污染的预防,在生产过程中即把污染物资源化或无害化,既增加了经济收入,又保护了环境,体现了经济效益与环境效益的统一。

4. 绿色产品的生产

绿色产品是由国家指定机构依据有关的技术标准和规定对产品进行确认,并以标志图形的方式告知消费者复合环境保护要求,对生态环境更为有利。绿色产品在设计时按照环境保护的指标选用合理的原材料、结构和工艺,在制造和使用过程中降低能耗、不产生毒副作用及有利于拆卸和回收;回收的材料可用于再生产,对无回收价值的产品进行无害化处理以致不污染大气、水体等,并保证产生最少的废弃物。

5.3.2 农业——多种模式的生态高效农业

生态农业是指在保护、改善农业生态环境的前提下,遵循生态学、生态经济学规律,运用系统工程方法和现代科学技术,集约化经营的农业发展模式;是按照生态学原理和经济学原理,运用现代科学技术成果和现代管理手段,以及传统农业的有效经验建立起来的,能获得较高的经济效益、生态效益和社会效益的现代化农业。

生态农业是相对于石油农业提出的概念,是一个原则性的模式而不是严格的标准。而绿色食品所具备的条件是有严格标准的,包括:绿色食品生态环境质量标准;绿色食品生产操作规程;产品必须符合绿色食品标准;绿色食品包装储运标准。所以并不是生态农业产出的就是绿色食品。

1. 树立大农业用地的立体开放观念,发展立体农业

发展现代农业,必须走出耕地经营的狭小圈子,着眼于山地、耕地、水面、丘陵、草场、坡地的全面合理开发利用。建立农、林、牧、副、渔协调发展的立体农业新格局。三峡库区由水域、洲滩、平原、岗地、丘陵、山地等组成了完善的水陆相生生态系统,有着发展立体农业的优势:①水域,进行大水面综合开发,坚持养殖和捕捞相结合,以养殖为主,以渔为主,多种经营,主攻特种水产的基本方针,根据不同的水体生态环境,采取不同的养殖模式。②洲滩,地势较低处退田还湖发展淡水养殖;地势较高处,因地制宜,稻、草、菜轮作,同时发展农田防护林。③平原,重点发展大宗农产品基地并建设防护林基地,与此配套,发展农产品加工业。④岗地、丘陵,采取农林牧综合发展模式,大力植树造林、种草种花,固定水土,重点发展林果业和农牧业。⑤山地,采取林业主导发展模式,以林业为主,实行林、果、茶、竹、药综合开发,同时发展相关产业,如竹器加工、食品加工、药材加工。

2. 综合利用库区生物资源,发展循环农业

所谓循环农业,就是对投入的资源进行反复利用,使其不断地产生效益。这样,既可以提高农民收入,又可以改善生态环境,以有限的资源获取最大的经济、社会和生态效益。

3. 加快农业产业化进程,发展农产品加工业

三峡库区的农业资源加工较差,特别是深加工能力差。因此,发展加工农业,以新技术、新工业实现农产品的转换、增值,既可以带动相关产业的发展,又能够用以工补农的方式增强对农业的投入,从而更有效地实现农业增产、农民增收的良性循环。具体做法是:依托库区草洲、水产资源,大力发展畜牧水产业,重点发展养牛业和网围养鱼业;组织生产精深加工基地,兴建现代化的饲料厂、屠宰厂、皮草厂、食品厂、生物制药厂等一批骨干企业;对库区生产出来的初级产品进行深度加工,形成种植业—饲料工业—养殖业—食品加工业—皮草羽绒加工业—高级营养加工业—生化制药业产业链,加快库区农村剩余劳动力的转移。

4. 打破常规农业的局限,发展观光农业和设施农业

三峡库区气候多样,景色优美,有着丰富的自然资源,长江三峡以其险峻的地形、绮丽的风光、磅礴的气势和众多的名胜古迹著称于世,为世界著名的旅游胜地,是我国的旅游景点。三峡是瞿塘峡、巫峡、西陵峡的总称。它西起四川省奉节县的白帝城,东至湖北省宜昌市的南津关,跨奉节、巫山、巴东、秭归、宜昌五县市,全长约 200 km,是白鹤、天鹅等珍禽候鸟越冬的乐园。库区交通近年来不断改善,通过渡轮可直达重庆。发展旅游业与开发性农业相结合的观光农业,利用科技渗透,集科普、旅游、观光、采摘、垂钓、憩息、疗养于一体,可以极大地提高旅游资源、农业资源的利用率,可以很好地发挥湖区独有的资源优势,同时也增加农民的收入。另外,在湖区发展设施农业有着积极意义,既有利于减少洪涝灾害等自然风险,也可以达到增效的目的,设施主要有排灌、防护、收割以及工厂化育秧、地膜覆盖、温室栽培、抛秧、立柱式无土栽培等。

5.3.3 渔业——保护、改善

渔业资源是发展渔业生产的物质基础,三峡地区鱼类资源的衰退,势必会影响整个长江生态稳定,进而影响渔业区域化的持续发展,削弱库区经济可持续发展的支撑能力。因此应该处理好渔业资源的保护、增殖与开发利用的关系,牢固树立渔业可持续发展的观念,实现三峡库区渔业资源的永续利用。

1. 依法治理,严禁酷渔滥捕——采取综合措施,努力保护和改善渔业生态环境

主要表现为以下四个方面:遵循三峡库区主要经济鱼类繁殖、生长、发育的自然规律,科学地实行休养生息,严格实行"禁渔区"、"禁渔期",目前应进一步扩大禁渔区,延长禁渔期,给渔业资源充分的繁衍生息时间和空间,保护鱼类资源自然增值。

严禁非法采沙,控制挖沙船只数量,规定挖沙地点,规范采沙,尤其在鱼类产卵季节,要禁止到产卵场挖沙。工程措施与非工程措施相结合,治理水土流失,减少泥沙淤积,防治泥沙淤积堵塞鱼类洄游通道,保护鱼类产卵场合鱼类洄游通道畅通。

健全渔业水域环境监测网络,加强库区水质及周边河流水质监测,采取强有力措施防治水体污染。对一些超标排放污染物的企业,要坚决实行关、停、并、转等强制措施,要建立具有水质量保障的渔业生态系统。

2. 加强生态系统多样性，鱼类多样性保护；发挥资源优势，综合开发利用，促进库区经济多元化发展

要解决三峡库区鱼类资源衰退的问题，实现渔业资源的永续利用，关键是要充分发挥库区资源优势，综合开发利用库区资源，促进库区经济的多元发展。

5.3.4 畜牧业——利用库区资源综合发展

1. 品种多元化

三峡库区具有丰富的草地资源和旅游资源，但人多耕地少，土地贫瘠，自然地理条件和农业生产条件差，是我国贫困区县分布最集中的地区之一。为了振兴库区经济，发展库区草地畜牧业具有十分重要的意义。

三峡库区草地资源主要分布于重庆境内。目前，重庆有草地面积 215.84 万 hm^2，可利用面积 190.8 万 hm^2，草地盖度 70%～90%，平均产鲜草量 7 500 kg/hm^2，可合理利用鲜草 4 500 kg/hm^2，受传统农业思想和农业生产习惯的影响，库区划地利用不充分。贫困偏远地区海拔在 700 m 以上的草地基本未利用，未利用草地约占库区草地总面积的 40%。即使能够利用的草地也属于轻度利用，而且是低水平的经营，多为单一放牧耕畜或割草垫圈。既未形成规模化生产，更未形成商品生产，经济效益很低，基本上没有商品的草地建设或经营管理。发展草地畜牧业有利于水土流失综合治理和山林草畜生态环境构建，开发旅游生态牧业资源。草地畜牧业具有不挤占耕地、投资少、见效快、效益高，易形成规模化养殖等特点。草地畜牧业已成为山区经济发展新的增长点。三峡库区是世界上最大的人工湖，与已有的大三峡、小三峡、小小三峡、白帝城和丰都鬼城等旅游景点融为一体，发展旅游生态牧业有着巨大的开发利用价值。在一些较平坦的中山草地，自然条件及景观利于旅游、狩猎，可规划一部分"前植物生产层"区，发展旅游业。在交通方便的人工草地上，种植五花地被，再配上各种各样的草食牲畜，这将给游人带来一道亮丽的风景。在游览的同时，游人可以欣赏到"天苍苍，野茫茫，风吹草动现牛羊"的草原风光。

2. 经营要产业化

要重点做大、做强水禽和草食畜禽产业，产供销相结合，贸工农一体化；要突出搞好体制和科技创新，培育和扶持有规模、上档次、有带动能力的龙头企业；要形成区域性的生产结构。

3. 生产要立体化

库区发展畜牧业要坚持三个原则。一是坚持与水产业、种植业、旅游业等其他产业优势互补的原则；二是坚持综合开发、最大限度发挥资源优势的原则；三是坚持社会效益重于资源开发效益的原则。

4. 商品要市场化

要按照市场的需求培育品牌，生产无公害食品。满足普通消费者的需要，满足高收入人群对低脂肪、无农药残留、方便的产品需求；为适应一部分消费者的需求，保留传统的风味特色，发展低温畜禽肉制品。实行现代化生产，执行标准化包装，力创特优产品，进入国际市场。

参 考 文 献

白金生,胡静,王丽娜,2012.通过主成分分析法对松花江肇源江段水质进行评价[J].黑龙江环境通报(1):54-57.

白薇扬,王娟,王英魁,等,2008.嘉陵江重庆段水体富营养化现状分析[J].重庆工学院学报,22(11):66-69.

鲍艳,胡振琪,柏玉,等,2006.主成分聚类分析在土地利用生态安全评价中的应用[J].农业工程学报,8:87-90.

蔡启铭,高锡芸,1995.太湖水质的动态变化及影响因子的多元分析[J].湖泊科学,7(2):97-106.

蔡庆华,孙志禹,2012.三峡水库水环境与水生态研究的进展与展望[J].湖泊科学,2:2.

曹新向,郭志永,雒海潮,2004.区域土地资源持续利用的生态安全研究[J].水土保持学报,18(2):192-195.

曹彦龙,李崇明,阚平,2007.重庆三峡库区面源污染源评价与聚类分析[J].农业环境科学学报,3:857-862.

陈广,刘广龙,朱端卫,等,2014.DPSIR模型在流域生态安全评估中的研究[J].环境科学与技术,1.

陈广,刘广龙,朱端卫,等,2015.城镇化视角下三峡库区重庆段水生态安全评价[J].长江流域资源与环境(S1):213-220.

陈星,樊彦芳,刘凌,等,2004.层次分析法在水环境安全综合评价中的应用[J].河海大学学报(自然科学版),32(9):512-514.

陈月,席北斗,何连生,等,2008.QUAL2K模型在西苕溪干流梅溪段水质模拟中的应用[J].环境工程学报,2(7):1000-1003.

陈国阶,2002.论生态安全[J].重庆环境科学,24(3):1-18.

陈海鹰,2011.主成分分析法在东张水库水质污染特征分析与评价的应用[J].化学工程与装备(9):249-255.

陈洪波,2006.三峡库区水环境农业非点源污染综合评价与控制对策研究[D].北京:中国环境科学研究院.

陈军辉,谢明勇,王凤美,等,2006.聚类分析法用于西洋参样品分类研究[J].分析测试学报,2:20-24,28.

陈仁杰,阚海东,2009.水质评价综合指数法的研究进展[J].环境与职业医学(6):581-584.

陈思宇,匡翠萍,刘曙光,等,2008.太浦河一维、二维水流数值模拟比较研究[J].人民长江,39(15):51-53.

陈晓宏,江涛,陈俊合,2001.水环境评价与规划[M].广州:中山大学出版社.

陈洋波,陈俊合,李长兴,等,2004.基于DPSIR模型的深圳市水资源承载能力评价指标体系[J].水利学报(7):98-103.

陈永灿,郑敬云,2001.三峡库区河段水质评价与分析[J].水利水电技术,32(7):23-27.

陈正兵,江春波,2012.滩地植被对河道水流影响[J].清华大学学报(自然科学版)(6):804-808.

程晨健,李天文,陈靖,等,2011.利用WASP模型和GIS可视化集成的水质监测与模拟:以渭河为例

[J].地下水,33(2):52-55.

崔晨,蔡建波,华玉妹,等,2014.菹草对微污水中重金属复合污染的净化效果[J].华中农业大学学报,33(2):72-77.

崔胜辉,洪华生,黄云凤,等,2005.生态安全研究进展[J].生态学报,25(94):861-868.

邓聚龙,1982.灰色控制系统[J].武汉:华中科技大学学报(自然科学版)(3):11-20.

邓聚龙,2002.灰理论基础[M].武汉:华中科技大学出版社.

邓聚龙,2011.灰色系统理论及其应用[M].5版.北京:科学出版社.

杜彦良,周怀东,彭文启,等,2015.近10年流域江湖关系变化作用下鄱阳湖水动力及水质特征模拟[J].环境科学学报(5):1274-1284.

范翻平,2010.基于Delft3D模型的鄱阳湖水动力模拟研究[D].南昌:江西师范大学.

方晓波,张建英,陈伟,等,2007.基于QUAL2K模型的钱塘江流域安全纳污能力研究[J].环境科学学报,27(8):1402-1407.

费红,2013.三峡库区(重庆段)农村面源污染空间分异研究[D].重庆:重庆师范大学.

冯启申,朱琰,李彦伟,2010.地表水水质模型概述[J].安全与环境工程,17(2):1-4.

龚然,徐进,徐力刚,2015.基于EFDC城市景观湖泊水动力模拟研究[J].环境工程,4:58-62.

关伯仁,1980.水污染指数的综合问题[J].环境污染与防治(2):13-16.

郭芬,2009.辽河流域水生态与水环境因子时空变化特征研究[D].北京:中国环境科学研究院.

郭明,肖笃宁,李新,2006.黑河流域酒泉绿洲景观生态安全格局分析[J].生态学报,26(2):457-466.

郭金玉,孙庆云,张忠彬,2008.层次分析法的研究与应用[J].中国安全科学学报,18(5):148-153.

郭劲松,陈杰,李哲,等,2008.156m蓄水后三峡水库小江回水区春季浮游植物调查及多样性评价[J].环境科学,29(10):2710-2715.

郭劲松,张超,方芳,等,2008.三峡水库小江回水区水华高发期浮游植物群落结构特征研究[J].科技导报,26(17):70-75.

国家环境保护总局,1998.长江三峡工程生态与环境监测公报(1998)[R].北京:国家环境保护总局.

国家环境保护总局,1999.长江三峡工程生态与环境监测公报(1999)[R].北京:国家环境保护总局.

国家环境保护总局,2000.长江三峡工程生态与环境监测公报(2000)[R].北京:国家环境保护总局.

国家环境保护总局,2001.长江三峡工程生态与环境监测公报(2001)[R].北京:国家环境保护总局.

国家环境保护总局,2002.长江三峡工程生态与环境监测公报(2002)[R].北京:国家环境保护总局.

国家环境保护总局,2003.长江三峡工程生态与环境监测公报(2003)[R].北京:国家环境保护总局.

国家环境保护总局,2004.长江三峡工程生态与环境监测公报(2004)[R].北京:国家环境保护总局.

国家环境保护总局,2005.长江三峡工程生态与环境监测公报(2005)[R].北京:国家环境保护总局.

国家环境保护总局,2006.长江三峡工程生态与环境监测公报(2006)[R].北京:国家环境保护总局.

国家环境保护总局,2007.长江三峡工程生态与环境监测公报(2007)[R].北京:国家环境保护总局.

国家环境保护总局,2008.长江三峡工程生态与环境监测公报(2008)[R].北京:国家环境保护总局.

海热提,王文兴,2004.生态环境评价、规划与管理[M].北京:中国环境科学出版社.

韩胜娟,2008.SPSS聚类分析中数据无量纲化方法比较[J].科技广场,3:229-231.

何跃,尹静,2011.基于GMDH的小样本数据预测模型[J].统计与决策,10:11-13.

何跃,张秋菊,杨剑,等,2007.运用统计指标与景气指数对工业经济的组合预测[J].统计与决策,18:80-82.

何大明,吴绍洪,彭华,2005.纵向岭谷区生态系统变化及西南跨境生态安全研究[J].地球科学进展,

20(3):339-344.

胡念三,刘德富,纪道斌,等,2012.三峡水库干流倒灌对支流库湾营养盐分布的影响[J].环境科学与技术,35(10):6-11.

环境保护部环境工程评估中心,2009.环境影响评价相关法律法规[M].北京:中国环境科学出版社.

黄宝强,刘青,胡振鹏,等,2012.生态安全评价研究述评[J].长江流域资源与环境,21(2):150.

黄庆超,石魏方,刘广龙,等,2017.基于Delft3D的三峡水库不同工况下香溪河水动力水质模拟[J].水资源与水工程学报(2):33-39.

黄庆超,刘广龙,王雨春,等,2015.不同水位运行下三峡库区干流水质变化特征[J].人民长江,46(增刊1):132-136.

黄真理,2006.三峡水库水质预测和环境容量计算[M].北京:中国水利水电出版社.

黄真理,李玉梁,李锦秀,等,2004.三峡水库水环境容量计算[J].水力学报(3):7-14.

吉祝美,方里,张俊,等,2012.主成分分析法在SPSS软件中的操作及在河流水质评价中的应用[J].环境研究与监测,25(4):68-73,57.

江勇,付梅臣,杜春艳,等,2011.基于DPSIR模型的生态安全动态评价研究:以河北永清县为例[J].资源与产业,13(1):61-65.

姜萍,许苏葵,2000.三峡科技移民示范区及其毗邻地区水体营养状况的数量分析[J].水生生物学报,24(5):463-467.

姜毅,张龙涛,吕永涛,等,2011.基于WASP模型城市人工景观水体水质的模拟[J].西安科技大学学报,31(3):306-310.

蒋明君,2012.2011国际生态安全年度报告[R].北京:世界知识出版社.

蒋志全,2004.基于GMDH原理的自组织数据挖掘模型研究[D].大连:大连海事大学.

金相灿,王圣瑞,席海燕,2012.湖泊生态安全及其评估方法框架[J].环境科学研究,25(4):357-362.

金中彦,郑彦强,赵海生,2012.基于DPSIR模型的岚漪河流域生态系统安全评估[J].人民黄河,34(3):54-56.

孔令双,2001.河口、海岸波浪、潮流、泥沙数值模拟[D].青岛:中国海洋大学.

寇文杰,林健,陈忠荣,等,2012.内梅罗指数法在水质评价中存在问题及修正[J].南水北调与水利科技,10(4):39-41.

莱斯特·R·布朗,1984.建设一个持续发展的社会[M].北京:科学技术文献出版社.

赖红松,祝国瑞,董品杰,2004.基于灰色预测和神经网络的人口预测[J].经济地理,24(2):197-201.

赖锡军,姜加虎,黄群,2011.鄱阳湖二维水动力和水质耦合数值模拟[J].湖泊科学,23(6):893-902.

李靖,1998.人工神经网络在高原湖泊水质评价中的应用[J].云南环境科学,2:24-27.

李俊,卢文喜,曹明哲,等,2009.主成分分析法在长春市石头口门水库水环境质量评价中的应用[J].节水灌溉,1:14-17.

李伟,2012.水资源的可持续发展研究[D].成都:成都理工大学.

李艳,邓云,梁瑞峰,等,2011.CE—QUAL—W2在紫坪铺水库的应用及其参数敏感性分析[J].长江流域资源与环境,20(10):1274-1278.

李德一,张树文,2010.基于DPSIR和RBF神经网络的哈大齐城市带生态安全评价[J].农业系统科学与综合研究,26(4):401-406.

李锦秀,廖文根,2003.三峡库区富营养化主要诱发因子分析[J].科技导报,2(9):49-52.

李经伟,杨路华,梁宝成,等,2007.改进的主成分分析法在白洋淀水质评价中的应用[J].海河水利(3):

40-43.

李佩武,李贵才,张金花,等,2009.深圳城市生态安全评价与预测[J].地理科学进展,28(2):245-252.

李世敏,2011.基于GIS的水资源开发利用评价模型研究[D].成都:成都理工大学.

李斯婷,2013.地表水质评价方法的研究[D].广州:华南理工大学.

李文华,王如松,2002.生态安全与生态建设[M].北京:气象出版社.

李小彬,1987.主成分分析和模糊数学综合评判在水质评价中的联合应用[J].热带地理,3:228-233.

李小妹,严平,郭金蕊,等,2014.宁夏东南部清水河、苦水河流域苦咸水水质综合评价[J].干旱区资源与环境(2):136-142.

李小平,2002.美国湖泊富营养化的研究和治理[J].自然杂志,24(2):63-68.

李晓燕,任志远,2008.基于"压力-状态-响应"模型的渭南市生态安全动态变化分析[J].陕西师范大学学报,36(5):82-85.

李新蕊,2008.主成分分析、因子分析、聚类分析的比较与应用[J].山东教育学院学报,22(6):23-26.

李亚松,张兆吉,费宇红,等,2009.内梅罗指数评价法的修正及其应用[J].水资源保护,25(6):48-50.

李玉平,蔡运龙,2007.河北省土地生态安全评价[J].北京大学学报(自然科学版),43(6):784-789.

李玉照,刘永,颜小品,等,2012.基于DPSIR模型的流域生态安全评价指标体系研究[J].北京大学学报(自然科学版),48(6):971-981.

李月臣,刘春霞,赵纯勇,等,2009.三峡库区(重庆段)土壤侵蚀敏感性评价及其空间分异特征[J].生态学报,29(2):788-796.

李占东,林钦,2005.BP人工神经网络模型在珠江口水质评价中的应用[J].南方水产,4:47-54.

李祚泳,邓新民,洪继华,1990.主分量分析法用于湖泊富营养化评价的相互比较[J].环境科学学报,10(3):311-317.

联合国环境规划署,2002.全球环境展望(3)[R].北京:中国环境科学出版社.

廖庚强,2013.基于Delft3D的柳河水动力与泥沙数值模拟研究[D].北京:清华大学.

刘江,贾尔恒·阿哈提,程艳,2013.基于模糊综合评价法的博斯腾湖水环境质量评价[J].新疆环境保护,3:4-10.

刘臣辉,吕信红,范海燕,2011.主成分分析法用于环境质量评价的探讨[J].环境科学与管理,36(3):183-186.

刘光中,颜科琦,康银劳,2001.基于自组织理论的GMDH神经网络算法及应用[J].数学的实践与认识,4:464-469.

刘慧芬,关鹏,王志超,2013.主成分分析法在水质评价中的应用[J].内蒙古水利(4):74-75.

刘金英,2004.灰色预测理论与评价方法在水环境中的应用研究[D].长春:吉林大学地球探测科学与技术学院,7-17.

刘思峰,邓聚龙,2000.GM(1,1)模型的适用范围[J].系统工程理论与实践(5):121-124.

刘小楠,崔巍,2009.主成分分析法在汾河水质评价中的应用[J].中国给水排水,25(18):104-108.

卢文喜,李迪,张蕾,等,2011.基于层次分析法的模糊综合评价在水质评价中的应用[J].节水灌溉(3):43-46.

陆昌淼,1988.我国水环境标准体系和特征[J].环境科学(4):59-67..

陆仁强,何璐珂,2012.基于Delft3D模型的近海水环境质量数值模拟研究[J].海洋环境科学,31(6):877-880.

陆添超,康凯,2009.熵值法和层次分析法在权重确定中的应用[J].软件开发与设计(22):19-20.

陆卫军,张涛,2009.几种河流水质评价方法的比较分析[J].环境科学与管理,6:173-176.
陆雍森,1999.环境评价(第2版)[M].上海:同济大学出版社.
罗锋,廖光洪,杨成浩,等,2011.乐清湾水交换特征研究[J].海洋学研究,29(2):79-88.
罗定贵,徐辉,1995.灰色系统理论在水质评价中的应用[J].华东地质学院学报,18(4):349-352.
吕晋,邬红娟,林济东,等,2006.主成分及聚类分析在水生态系统区划中的应用[J].武汉大学学报:理学版,51(4):461-466.
吕竟,2006.水环境系统分析中多元统计分析方法的应用[D].成都:四川大学.
马京民,刘国顺,时向东,等,2009.主成分分析和聚类分析在烟叶质量评价中的应用[J].烟草科技(7):57-60.
闵庆文,2002.西北地区的水资源安全问题与对策探讨[A]//中国生态学学会.生态安全与生态建设:中国科协2002年学术年会论文集[C].中国生态学学会,7.
倪深海,白玉慧,2000.BP神经网络模型在地下水水质评价中的应用[J].系统工程理论与实践,20(8):124-127.
宁宜熙,刘思峰,2009.管理预测与决策方法[M].北京:科学出版社.
潘恒健,2005.主因子分析法在小清河(济南段)水质评价中的研究与应用[D].济南:山东师范大学.
潘明祥,2011.三峡水库生态调度目标研究[D].上海:东华大学.
彭文启,周怀东,邹晓雯,等,2004.三次全国地表水水质评价综述[J].水资源保护,20(1):37-39.
邱宁,葛江华,张秀菊,等,2013.水环境安全模糊综合评价方法研究[J].中国农村水利水电,6:61-65.
邱微,赵庆良,李崧,等,2008.基于"压力-状态-响应"模型的黑龙江省生态安全评价研究[J].环境科学,29(4):1148-1152.
邱宇,2013.汀江流域水环境安全评估[J].环境科学研究,26(2):152-159.
曲格平,2002.关注生态安全之一:生态环境问题已经成为国家安全的热门话题[J].环境保护(5):3-5.
瞿梦洁,李慧冬,李娜,等,2016.沉水植物对水体阿特拉津迁移的影响[J].农业环境科学学报,35(4):750-756.
任华堂,陈永灿,刘昭伟,2008.三峡水库水温预测研究[J].水动力学研究与进展(A辑),23(2):141-148.
任华堂,陶亚,夏建新,2011.深圳湾水环境特性及其突发污染负荷响应研究[J].应用基础与工程科学学报,19(1):52-63.
任兰增,2003.新疆森林的生态安全保障作用与建设[J].新疆林业(6):8.
任志远,黄青,李晶,2005.陕西省生态安全及空间差异定量分析[J].地理学报,60(4):597-606.
尚勇,苏靖,1999.中国21世纪可持续发展道路[M].北京:中国经济出版社.
尚佰晓,吕子楠,李杰年,等,2013.基于模糊综合评价法与单因子指数评价法的水质评价[J].中国环境管理干部学院学报,23(5):1-4.
邵立民,方天,2001.退耕还林与我国粮食安全问题分析[J].农业经济问题(12):25-27.
申宏伟,2005.Delft3d软件在水利工程中的数值模拟[J].水利科技与经济,11(7):440-441.
史铁锤,王飞儿,方晓波,2010.基于WASP的湖州市环太湖河网区水质管理模式[J].环境科学学报,30(3):631-640.
水利部,2002.全国水资源综合规划技术细则[R].水利部水利水电规划设计总院.
孙磊,毛献忠,黄旻旻,2012.东莞运河排涝对东江河网水质影响分析[J].环境科学,33(5):1519-1525.
孙海涛,2009.城市生态安全评价体系研究[J].中国国土资源经济(3):23-26.
谭健,2011.海南省生态安全的空间结构研究[D].长沙:中南大学.

万金保,曾海燕,朱邦辉,2009.主成分分析法在乐安河水质评价中的应用[J].中国给水排水(16):103-108.

汪朝辉,田定湘,刘艳华,2008.中外生态安全评价对比研究[J].生态经济,7:44-49.

王翠,孙英兰,张学庆,2008.基于EFDC模型的胶州湾三维潮流数值模拟[J].中国海洋大学学报(自然科学版),38(5):833-840.

王俊,姜建祥,1996.吉林省湖、库水质评估及其污染防治[J].湖泊科学,8(1):74-80.

王珂,2013.三峡库区鱼类时空分布特征及与相关因子关系分析[D].北京:中国水利水电科学研究院.

王宁,于书霞,朱颜明,2001.松花湖水质污染变化规律及成因分析[J].东北师大学报(自然科学版),1:63-69.

王清,2005.山东省生态安全评价研究[D].济南:山东大学.

王哲,只德国,李涛涛,2010.基于DPSIR模型的海河流域水环境安全评价指标体系[J].技术与应用,6:27-29,32.

王汉元,2006.三峡库区气候特点及生态建设与治理模式[J].重庆林业科技(3):19-22.

王敬国,张土龙,陈英旭,1999.资源与环境概论[M].北京:科学出版社.

王佳兴,2010.基于GMDH方法的设备剩余寿命预测[D].武汉:武汉科技大学.

王丽婧,席春燕,郑丙辉,2011.三峡库区流域水环境保护分区[J].应用生态学报,4:1039-1044.

王丽靖,郑丙辉,2010.水库生态安全评估方法(I):IROW框架飞[J].湖泊科学,22(2):165-175.

王丽蜻,郭怀成,刘永,等,2005.邛海流域生态脆弱性及其评价研究[J].生态学杂志,24(10):1192-1196.

王玲玲,张斌,2012.基于DPSIR模型的丹江口库区生态安全评估[J].环境科学与技术,35(12):340-343.

王玲玲,2012.基于DPSIR模型梁子湖流域生态安全评估[C].中国环境科学学会学术年会论文集,1366-1371.

王盛萍,张志强,唐寅,等,2010.MIKE-SHE与MUSLE耦合模拟小流域侵蚀产沙空间分布特征[J].农业工程学报,26(3):92-98.

王晓峰,2007.基于GIS和RS榆林地区生态安全动态综合评价[D].西安:陕西师范大学.

王晓鹏,2001.多元统计分析在河流污染状况综合评价中的应用[J].系统工程理论与实践,9:118-123.

王长普,2013.海河流域大型水库饮用水水源地水环境安全评价及应用[J].水文,33(6):63-67.

温周瑞,王丛丹,李文华,等,2013.武汉城市湖泊水质及水体富营养化现状评价[J].水生态学杂志,5:96-100.

吴开亚,张礼兵,金菊良,等,2007.基于属性识别模型的巢湖流域生态安全评价[J].生态学杂志,26(5):759-764.

向红梅,金腊华,2011基于DPSIR模型的区域水安全评价研究[J].安全与环境学报,11(1):96-100.

肖笃宁,陈文波,郭福良,2002.论生态安全的基本概念和研究内容[J].应用生态学报(3):354-358.

肖荣波,欧阳志云,韩艺师,等,2004.海南岛生态安全评价[J].自然资源学报,19(6):769-775.

肖新成,何丙辉,倪九派,等,2013.农业面源污染视角下的三峡库区重庆段水资源的安全性评价:基于DPSIR框架的分析[J].环境科学学报,33(8):2324-2331.

肖新平,毛树华,2013.灰预测与决策方法[M].北京:科学出版社.

谢花林,张新时,2004.城市生态安全水平的物元评判模型研究[J].地理与地理信息科学,20(2):87-90.

邢静,张越,陈彦磊,等,2013.基于主成分分析法的黄河流域国控断面水质评价[J].节水灌溉,10:31-34.

熊超军,刘德富,纪道斌,等,2013.三峡水库汛末175m试验蓄水过程对香溪河库湾水环境的影响[J].长江流域资源与环境,5:648-656.
徐国祥,2005.统计预测和决策[M].2版.上海:上海财经大学出版社.
徐志新,郭怀成,郁亚娟,等,2007.基于多准则群体决策模型的生态工业园区建设模式决策研究[J].环境科学研究,20(2):123-129.
徐祖信,尹海龙,2003.黄浦江干流二维水动力实时数学模型研究[J].水动力学研究与进展,18(3):372-378.
许婷,2010.丹麦 MIKE21 模型概述及应用实例[J].水利科技与经济,16(8):867-869.
许其功,2004.三峡水库水质预测及水污染控制对策研究[D].北京:中国环境科学研究院.
薛丽洋,2013.锡林河流域水体痕量元素研究[D].兰州:兰州大学.
薛巧英,刘建明,2004.水污染综合指数评价方法与应用分析[J].环境工程,22(1):63-66.
延军平,黄春长,陈瑛,1999.跨世纪全球环境问题及行为对策[M].北京:科学出版社.
严登华,何岩,2002.东辽河水质演化及其对环境酸化的响应[J].水土保持通报,22(4):1-5.
阎伍玖,1999.区域农业生态环境质量综合评价方法与模型研究[J].环境科学研究,12(3):49-52.
艳卿,宪兵,2004.水质基准与水质标准[M].北京:中国标准出版社.
燕文明,2007.三峡库区生态系统健康诊断及水资源管理研究[D].南京:河海大学.
杨钢,2004.三峡水库水质污染及次级河流富营养化潜势研究[D].重庆:重庆大学.
杨道军,钱新,殷福才,等,2007.因子分析与聚类法的复合模型在水环境评价和管理中的应用[J].环境科学与管理,4:154-158.
杨家宽,肖波,刘年丰,等,2005.WASP6 水质模型应用于汉江襄樊段水质模拟研究[J].水资源保护,21(4):8-10.
杨京平,2002.生态安全的系统分析[M].北京:化学工业出版社.
杨正健,刘德富,马骏,等,2012.三峡水库香溪河库湾特殊水温分层对水华的影响[J].武汉大学学报(工学版),45(1):1-9.
姚远,2012.基于 DPSIR 模型的流域环境变迁与生态安全指标体系研究[J].安徽农业科学(12):7345-7348.
叶猛,胡邦红,王东东,2014.地表水质评价方法综述[J].科教导刊(中旬刊),2:177-178.
叶文虎,栾胜基.1994.环境质量评价学[M].北京:高等教育出版社.
叶亚平,刘鲁君,2002.中国省域生态环境质量评价指标体系研究.环境科学研究[J].环境科学研究,13(13):33-36.
叶长卫,2004.论生态农业与国家生态安全[J].科技进步与对策(3):18-20.
尹海龙,徐祖信,2008a.河流综合水质评价方法比较研究[J].长江流域资源与环境,5:729-733.
尹海龙,徐祖信,2008b.我国单因子水质评价方法改进探讨[J].净水技术,27(2):1-3.
于书霞,尚金城,赵劲松,2001.松花江水质因子分析及动态变化[J].土壤与环境,20(4):277-251.
余波,黄成敏,陈林,等,2010.基于熵权的巢湖水生态健康模糊综合评价[J].四川环境,29(6):85-91.
袁东,付大友,2003.聚类分析在水环境质量评价中的应用进展[J].四川轻化工学院学报,3:50-55.
占纪文,林锦彬,2012.基于粮食安全和指数平滑模型的耕地保有量预测研究:以福建省宁德市为例[J].科技和产业,12(2):72-76.
张呈,郭劲松,李哲,等,2010.三峡小江回水区透明度季节变化及其影响因子分析[J].湖泊科学,22(2):189-194.
张凯,任丽军,2005.山东省战略环境评价方法与应用研究[M].北京:科学出版社.

张蕾,傅瓦利,张治伟,等,2011.三峡库区小江流域消落带不同坡地类型土壤磷分布特征初探[J].安徽农业科学,39(1):163-165.

张蕾,2010.松辽流域省界缓冲区水质主成分分析[D].长春:吉林大学.

张鹏,2004.基于主成分分析的综合评价研究[D].南京:南京理工大学.

张琪,2015.三峡水库香溪河初级生产力及其影响因素分析[J].湖泊科学,27(3):436-444.

张松,郭怀成,盛虎,等,2012.河流流域生态安全综合评估方法[J].环境科学研究,25(7):826-832.

张旋,王启山,于淼,等,2010.基于聚类分析和水质标识指数的水质评价方法[J].环境工程学报,2:476-480.

张妍,尚金城,于相毅,2005.主成分-聚类复合模型在水环境管理中的应用:以松花江吉林段为例[J].水科学进展,16(4):592-595.

张征,2004.环境评价学[M].北京:高等教育出版社.

张纪伍,李维新,水建高,1999.长江流域洪灾与生态破坏的关系浅析:经济发展与生态变化[J].农村生态环境,15(4):8-11.

张济世,康尔泗,姚进忠,等,2004.黑河流域水资源生态环境安全问题研究[J].中国沙漠,24(4):425-430.

张建新,邢旭东,刘小娥,2002.湖南土地资源可持续利用的生态安全评价[J].湖南地质,21(2):119-121.

张丽艳,1994.主成分分析法在环境评价中的应用[J].环境保护,3(14):37-38.

张启人,陈玉宏.1984.GMDH:非线性大系统的测辨和预测[J].系统工程,1:73-82.

张水珍,2011.基于BP神经网络与主成分分析的流域水质评价[D].上海:华东师范大学.

张文鸽,李会安,蔡大应,2004.水质评价的人工神经网络方法[J].东北水利水电,10:42-45,72.

张文霖,2006.主成分分析在SPSS中的操作应用[J].市场研究(12):31-34.

张祥伟,王敦春,1994.河流水质主要污染物组分识别的主成分分析[J].水利水电技术(6):2-6.

赵宁,潘明强,李静,2010.小江调水调蓄水库方案研究[J].华北水利水电学院学报,31(2):9-11.

赵小梅,宋执环,李平,2002.改进的GMDH型神经网络及其在混沌预测中的应用[J].电路与系统学报,1:13-17.

郑丙辉,张远,富国,等,2006.三峡水库营养状态评价标准研究[J].环境科学学报,26(6):1022-1030.

郑守仁,2011.三峡工程设计水位175m试验性蓄水运行的相关问题思考[J].人民长江,42(13):1-7.

中国环境科学研究院,2012.湖泊生态安全调查与评估技术指南[M].北京:科学出版社.

中华人民共和国环境保护部,2009.长江三峡工程生态与环境监测公报(2009)[R].北京:中华人民共和国环境保护部.

中华人民共和国环境保护部,2010.长江三峡工程生态与环境监测公报(2010)[R].北京:中华人民共和国环境保护部.

中华人民共和国环境保护部,2011.长江三峡工程生态与环境监测公报(2011)[R].北京:中华人民共和国环境保护部.

中华人民共和国环境保护部,2012.长江三峡工程生态与环境监测公报(2012)[R].北京:中华人民共和国环境保护部.

钟振宇,柴立元,刘益贵,等,2010.基于层次分析法的洞庭湖生态安全评估[J].中国环境科学,30(S1):41-45.

重庆市环保局,2002.重庆市三峡库区国家级生态功能保护区规划.重庆市发展计划委员会.

周广峰,刘欣,2011.主成分分析法在水环境质量评价中的应用进展[J].环境科学导刊,30(1):74-78.

周广杰,况琪军,胡征宇,等,2006.三峡库区四条支流藻类多样性评价及"水华"防治[J].中国环境科学,26(3):337-341.

周国富,2003.生态安全与生态安全研究[J].贵州师范大学学报(自然科学版)(3):105-108.

周海林,1999.农业可持续发展状态评价指标(体系)框架及其分析[J].农村生态环境,15(3):6-10.

周志军,潘三军,杨培慧,2008.SPSS模糊聚类分析法在水质监测断面聚类分析中的应用[J].仪器仪表与分析监测(4):32-33.

朱纯,曾明智,韩波,2007.环境质量评价的主成分因子分析的可视化方法[J].环境科学与管理,7:187-190.

朱翔,李静芝,2013.洞庭湖区城镇化对水资源利用的综合影响评价研究[D].长沙:湖南师范大学.

朱万森,陈红光,刘志荣,等,2003.应用因子分析法对地面水质污染状况的研究[J].复旦学报(自然科学版),3:501-505.

朱新国,张展羽,刘莉,2010.基于混沌优化GMDH网络的灌区地下水水位预测[J].河海大学学报(自然科学版),3:317-321.

朱引弟,陈星,孟祥永,2013.基于改进模糊综合评价法的太湖水质评价[J].水电能源科学,31(9):42-44.

庄丽榕,潘文斌,魏玉珍,2008.CE-QUAL-W2模型在福建山仔水库的应用[J].湖泊科学,20(5):630-638.

左伟,王桥,王文杰,等,2002.区域生态安全评价态安全评价指标与标准研究[J].地理学与国土研究,18(1):67-71.

左伟,王桥,王文杰,等,2005.区域生态安全综合评价模型分析[J].地理科学,25(2):209-214.

ALARAON V J, MCANALLY W H, PATHAK S, 2012. Comparison of two hydrodynamic models of weeks bay, Alabama[J]. Lecture Notes in Computer Science, 7334:589-598.

ALEX de Sherbinin, 2000[2000-10-07]. Population, Development and Human Security: A Micro-level Perspective[EB/OL]. http://www.gechs.org.[2012-11-30].

ANGELA M, LAURA L, 2001. A projection pursuit approach to variable selection[J]. Computational Statistics & Data Analysis, 35:463-4731.

BACHMANN C M, MUSMAN S A, DONG D, et al., 1994. Unsupervised BCM projection pursuit algorithms for classification of simulated radar presentations[J]. Neural Networks, 7(4):709-728.

BENGRAINE K, MARHABA T F, 2003. Comparison of spectral fluorescent signatures-based models to characterizedom in treated water samples[J]. Journal of Hazardous Materials, 100(1):117-130.

BERNARD P, ANTOINE L, BERNARD L, 2004. Principal component analysis: an appropriate tool for water quality evaluation and management: application to a tropical lake system. Ecological Modelling, 178:295-311.

BERTELL R, 2000. Planet Ezrth: The Latest Weapon of War[J]. Ecologist, Jan-Feb.

BETSY H, 2000[2000-10-07]. Population, Development and Human Security[EB/OL]. http://www.gechs.org.[2013-05-30].

BHARDWAJ V, SINGH D S, SINGH A K, 2010. Water quality of the Chhoti Gandak River using principal component analysis, Ganga Plain, India[J]. Journal of Earth System Science, 119(1):117-127.

BICKNELL K B, BALL R J, CULLEN R, et al., 2000[2000-10-23]. Globalization and Ecological Security: The next twenty years[EB/OL]. www.bsos.umd.edu/harrison/ecosecurity.html.[2013-05-20].

BOHLE H G, 2001. Vulnerability and Criticality Perspectives from Social Geography[C]. IHDP Update

2(1):3-5.

BRODIE M J,PELLOCK J M,1995. Taming the brain storms:felbamate updated[J]. The Lancet,346(8980):918-919.

BROWN L, BARNWELL T O, 1987. The Enhanced Stream Water Quality Model QUAL2E and QUAL2E—UNCAS:Documentation and User Manual. Report EPA/600/3—87/007. U. S. Environmental Protection Agency,Athens.

BROWN R M,MCCLELLAND N I,DEININGER R A,et al.,1970. A water quality index-do we dare[J]. Water & Sewage Works,117(10):339-343.

CORSI I,FOCARDI S,MAZZUOLI S,et al.,2006. Integrating remote sensing approach with pollution monitoring tools for aquatic ecosystem risk assessment and management:A case study of Lake Victoria (Uganda)[J]. Environmental Monitoring and Assessment(122):275-287.

DALE R,HANNE S,LARS K P,et al.,2008. Discursive biases of the environmental research framework DPSIR[J]. Land Use Policy(25):116-125.

DAVID N,GROOT D,RRDOLF S,2008. Framing environmental indicators:moving from causal chains to causal networks[J]. Environ Devsustain(10):89-106.

DEB D,DESHPANDE V N,DAS K C,2008. Assessment of water quality around surface coal mines using principal component analysis and fuzzy reasoning techniques[J]. Mine Water and the Environment,27(3):183-193.

DENG X,TIAN X,2006. Multivariate Statistical Process Monitoring using Multi-scale Kernel Principal Component Analysis[C]//Fault Detection, Supervision and Safety of Technical Processes. Beijing,2007:108-113.

DENNIS P, 2000[2000-04-12]. Ecological Security :Micro-threats to Human Well-being[EB/OL]. www. bsos. umd. edu/harrison/ papers/paper 13. htm. [2013-05-20].

DONG J D,ZHANG Y Y,ZHANG S,et al.,2010. Identification of temporal and spatial variations of water quality in Sanya Bay,China by three-way principal component analysis[J]. Environmental Earth Sciences,60(8):1673-1682.

FLICK T E,JONES L K,PRIEST R G,1990. Pattern classification using projection pursuit[J]. Pattern Classification(12):1367-1376.

FRIEDMAN J H,TURKEY J W,1974. A Projection Pursuit Algorithm for Exploratory Data Analysis [C]. IEEE Transaction On Computers,23(9):881-889.

FREITAS P S A,RODRIGUES A J L,2006. Model combination in neural-based forecasting[J]. European Journal of Operational Research,17(3):801-814.

FREITAS A, HUANG Y C, 2010. On the numerical evaluation of loop integals with Mellin-Barnes representations[J]. Journal of High Energy Physics(4):1-16.

FRIEDMAN J H,STUETZLE W,1981. Project pursuit regression[J]. Journal of the American Statistical Association,817-823.

FU Q,XIE Y G,WEI Z M,2003. Application of projection pursuit evaluation model based on real-coded accelerating genetic algorithm in evaluating wetland soil quality variations in the Sanjiang Plain[J]. China Pedosphere(Beijing),13(3):249-2561.

GUO J Y,SUN Q Y,ZHANG Z B,2008. Study and applications of analytic hierarchy process[J]. China

Safety Science Journal,18(5):148-153.

GUO M,XIAO D N,LI X,2006. Changes of landscape pattern between 1986 and 2000 in Jiuquan Oasis, Heihe River Basin[J]. Acta Ecologica Sinica,26(2):457-466.

HAAG I,WESTRICH B,2002. Processes governing river water quality identified by principal component analysis[J]. Hydrological Processes,16(16):3113-3130.

HANSEN J R,REFSGAARD J C,ERNTSEN V,et al.,2009. An integrated and physically based nitrogen cycle catchment model[J]. Hydrology Research,40(4):347-363.

HOPE B K, PETERSON J A, 2000. A Procedure for Performing Population-level Ecological Risk Assessments[J]. Environmental Management,25(3):281-289.

HORTON R K,1965. An index number system for rating water quality[J]. Journal of Water Pollution Control Federation,37(3):300-306.

HU W,WANG G,DENG W,et al.,2008. The influence of dams on ecohydrological conditions in the Huaihe River basin,China[J]. Ecological engineering,33(3):233-241.

HUYBRECHTS N,VILLARET C,LYARD F,2012. Optimized predictive two-dimensional hydrodynamic model of the gironde estuary in france[J]. Journal of Waterway Port Coastal & Ocean Engineering,138(4):312-322.

JAMES S C, BORIAH V, 2010. Modeling algae growth in an open-channel raceway[J]. Journal of Computational Biology A Journal of Computational Molecular Cell Biology,17(7):895-906.

JI Z G, HAMRICK J H, PAGENKOPF J,2002. Sediment and metals modeling in shallow river[J]. Journal of Environmental Engineering,128(2):105-119.

JOHN E,RANU S,2001[2001-09-08]Infectious Diseases and Global Change:Threats to Human Health and Security[EB/OL].//2012-07-30 ,http ://www. gechs. org

KEMSLEY E K, 1996. Discriminant analysis of high-dimensional data: a comparison of principal components analysis and partial least squares data reduction methods[J]. Chemometrics and Intelligent Laboratory Systems,33(1):47-61.

KONG Q R,JIANG C B,QIN J J,et al.,2009. Sediment transportation and bed morphology reshaping in Yellow River Delta[J]. Science in China,52(11):3382-3390.

László Sipos,Zoltán Kovács,Virág Sági-Kiss,et al.,2012. Discrimination of mineral waters by electronic tongue,sensory evaluation and chemical analysis[J]. Food Chemistry,135(4):2947-2953.

LANDETA J,2006. Current validity of the Delphi method in social sciences[J]. Technological Forecasting and Social Change. 73(5):467-482.

LEEPHAKPREEDA T,2008. Grey prediction on indoor comfort temperature for HVAC systems. Expert [J]. Systems with Applications. 34(4):2284-2289.

LI L J,SHEN L T,2006. An improved multilevel fuzzy comprehensive evaluation algorithm for security performance[J]. The Journal of China Universities of Posts and Telecommunications. 13(4):48-53.

LI P W,LI G C,ZHANG J H,et al.,2009. Ecological security assessment and prediction for Shenzhen[J]. Progress In Geography,28(2):245-252.

LI X Y,REN Z Y,2008. The dynamic change analysis of Weinan City's ecological security based on P-S-R[J]. Journal of Shanxi Normal University. 36(5):82-85.

LI Y C,LIU C X,ZHAO C Y,et al.,2009. Assessment and spatial differentiation of sensitivity of soil erosion in Three Gorges Reservoir Area of Chongqing[J]. Acta Ecologica Sinica,29(2):788-796.

LIU X, HUANG W, 2009. Modeling sediment resuspension and transport induced by storm wind in Apalachicola Bay,USA[J]. Environmental Modelling & Software,24(11):1302-1313.

LOSKA K,WIECHUŁA D,2003. Application of principal component analysis for the estimation of source of heavy metal contamination in surface sediments from the Rybnik Reservoir[J]. Chemosphere,51(8): 723-733.

LU T C, KANG K, 2009. The application of entropy method and AHP in weight determinging[J]. Software Development and Design(22):19-20.

MA J Q,GUO J J,LIU X J,2010. Water quality evaluation model based on principal component analysis and information entropy: application in Jinshui River[J]. Journal of Resources and Ecology,1(3): 249-252.

MAHAPATRA S S, SAHU M, PATEL R K, et al., 2012. Prediction of water quality using principal component analysis[J]. Water Quality,Exposure and Health,4(2):93-104.

MARGARET B,2004. Environmental Security-A View from Europe[R]. ECSP report,issue 10.

MATHEW R,HALLE M,SWITZER J,2002. Conserving the Peace:Resources,Livelihoods and Security [R]. International Institute for Sustainable Development (IISP) and JUCN-The World conservation Union.

MEMET V,BÜLENT G,AYSEL B,et al.,2012. Spatial and temporal variations in surface water quality of the dam reservoirs in the Tigris River basin,Turkey[J]. CATENA,92:11-21.

MIRANDA A,SCHREURS,PIRAGES D,1998. Ecological Security In Northeast Asia[C]. Seoul,Korea: Yonsei University Press.

MIYAMOTO K,NAITO W,NAKANISHI J,et al.,2002. Application of an ecosystem model for aquatic ecological risk assessment of chemicals for a Japanese lake[J]. Water Research,36:1-14.

NEMEROW N L,1974. Scientific Stream Pollution Analysis[M]. New York:McGraw-Hill.

NICHOLAS A P,SANDBACH S D,ASHWORTH P J,et al.,2012. Modelling hydrodynamics in the Rio Paraná, Argentina: An evaluation and inter-comparison of reduced-complexity and physics based models applied to a large sand-bed river[J]. Geomorphology,169-170,192-211.

OLSEN R L, CHAPELL R W, LOFTIS J C, 2012. Water quality sample collection, data treatment and results presentation for principal components analysis-literature review and Illinois River watershed case study[J]. Water Research,46(9):3110-3122.

PARINET B,LHOTE A,LEGUBE B,2004. Principal component analysis:an appropriate tool for water quality evaluation and management:application to a tropical lake system[J]. Ecological Modelling,178(3):294-311.

PARK S S,LEE Y S,1996. A multiconstituent moving segment model for the water quality predictions In steep and shallow streams[J]. Ecological Modelling,89(1):121-131.

PENG L, HUA Y M, CAI J B, et al., 2014. Effects of plants and temperature on nitrogen removal and microbiology in a pilot-scale integrated vertical-flow wetland treating primary domestic wastewater[J]. Ecological Engineering,64:285-290.

PERONA E,BONILLA I,MATEO P,1999. Spatial and temporal changes in water quality in a Spanish river[J]. Science of the Total Environment,241(1):74-90.

PETERSEN W, BERTINO L, CALLIES U, et al., 2001. Process identification by principal component analysis of river water-quality data[J]. Ecological Modelling,138(1):193-213.

PHAM A M,SHURYO N K,1984. Application of Stepwise Discriminant Analysis to High Pressure Liquid Chromatography Profiles of Water Extract for Judging Ripening of Cheddar Cheese[J]. Journal of Dairy Science,67(7):1390-1396.

PHILIP K H,GLADNEY E S,GORDON G E,et al.,1976. The use of multivariate analysis to identify sources of selected elements in the Boston Urban aerosot[J]. Atmospheric Environment,10(11):1014-1025.

PINTO U,MANESHWARI B,SHRESTHA S,et al.,2012. Modelling eutrophication and microbial risks in peri-urban iver systems using discriminant function analysis[J]. Water Research,46(19):6476-6488.

POLZEHL J,1995. Projection pursuit discriminant analysis[J]. Computational Statistics &Data Analysis,20:141-1571.

PRAUS P,2006. Water quality assessment using SVD-based principal component analysis of hydrologicaldata[J]. Water SA,31(4):417-422.

QIU W,ZHAO Q L,LI S,et al., 2008. Ecological Security Evaluation of Heilongjiang Province with Pressure-State-Response Model[J]. Environmental Science,29(4):1148-1152.

QU M J,LI H D,LI N,et al.,2017. Distribution of atrazine and its phytoremediation by submerged macrophytes in lake sediments[J]. Chemosphere,168:1515-1522.

REGHUNATH R,MURTHY T R,RAGHAVAN B R,2002. The utility of multivariate statistical techniques in hydrogeochemical studies:an example from Karnataka,India[J]. Water research,36(10):2437-2442.

REN Z Y,HUANG Q,LI J,2005. Quantitative analysis of the ecological security and spatial differences in Shanxi Province[J]. Acta Geographica Sinica,60(4):597-606.

RICHARD A M,BRYAN M,2004. Networks of Threats and Vulnerability:Lessons from Environmental Security[R]. ECSP Report,Issue 10,36-42.

RICHARD A M,MARK H,JASON S,2002. Conserving the Peace:resources,livelihoods and security [R]. International Institute for Sustainable Development(IISD) and IUCN-The World Conservation Union.

RICHARD E B,2002. Migration Population Change and the Rural Environment[R]. ESCP Report,8,69-94.

ROSS S L,1977. An index system for classifying river water quality[J]. Water Pollution Control,76(1):113-122.

SARBU C,POP H F,2005. Principal component analysis versus fuzzy principal component analysis:a case study:the quality of Danube water(1985-1996)[J]. Talanta,65(5):1214-1220.

SEMENZIN E,CRITTO A,RUTGERS M,et al., 2008. Integration of bioavailability, ecology and ecotoxicology by three lines of evidence into ecological risk indexes for contaminated soil assessment [J]. Science of the Total Environment,389(15):71-86.

SEO D I,KIM M A,AHN J H,2012. Prediction of Chlorophyll-a Changes due to Weir Constructions in the Nakdong River Using EFDC-WASP Modelling[J]. Environmental Engineering Research,17(2):402-407.

SHANNON E E,BREZONIK P L,1972. Euthrophication Analysis:A Multivariate Approach[J]. Journal of the Sanitary Engineering Division,98(1):37-57.

SHIN P K S,FONG K Y S,1999. Multiple Discriminant Analysis of Marine Sediment Data[J]. Marine Pollution Bulletin,39(1/12):285-294.

SHRESTHA S, KAZAMA F, 2007. Assessment of surface water quality using multivariate statistical techniques:A case study of the Fuji river basin,Japan[J]. Environmental Modelling & Software, 22 (4):463-475.

SIMMONS P J, 1995. Introduction Environmental Change and Security Project (ECSP) Report[R]. Washington D. C. ;Woodrow Wilson International Center for Scholars.

SOIMON D,2002. Security and Ecology in the Age of Globalization[R],ESCP Report 8,95-108.

SINGH K P,MALIK A,MOHAN D,et al.,2004. Muhivariate statistical techniques for the evaluation of spatial and temporal variations in water quality of Gomti River (India) a case study [J]. Water Research,38:3980-3992.

SINGLETON V L,JACOB B,FEENEY M T,et al.,2013. Modeling a proposed quarry reservoir for raw water storage in Atlanta,Georgia[J]. Journal of Environmental Engineering,139(1):70-78.

SKOULIKIDIS N T,2009. The environmental state of rivers in the Balkans:a review within the DPSIR framework[J]. Science of the Total Environment,407(8):2501-2516.

SPRAGUE K, DE KEMP E, WONG W, et al., 2006. Spatial targeting using queries in a 3-D GIS environment wititi application to mineral exploration[J]. Computers & Geosciences,32(3):396-418.

SYLVESTER R O,CARLSON D A,BERGERSON W W,et al.,1962. Computer analysis of water quality data[J]. Journal Water Pollution Control Federation,34(6):604-615.

THAREJA S, CHOUDHURY S, TRIVEDI P, 2011. Assessment of water quality of Ganga River in Kanpur by using principal components analysis[J]. Advances in Applied Science Research,20(5):1989-1991.

VEGA M,PARDO R,BARRADO E,et al.,1998. Assessment of seasonal and polluting effects on the quality of river water by exploratory data analysis[J]. Water research,32(12):3581-3592.

VELLIDIS G, BARNES P, BOSCH D D, et al., 2006. Mathematical simulation tools for developing dissolved oxygen TMDLs[J]. Trans Asabe,49(4):1003-1022.

VLADIMIR K,ELENA N,2001[2001-06-09]. Russia:New Dimensions of Environmental Insecurity[EB/OL]. http://www. gechs. oig. [2012-12-09].

WAGNER M, 2000. Effect of hydrological patterns of tributaries on biotic processes in a lowland. reservoir consequences for restoration[J]. Ecological Engineering,16:79-90.

WALLEY W J, FONTAMA V N, 1998. Neural network predictors of average score per taxon and number of families at unpolluted river sites in Great Britain[J]. Water Research,32(3):613-622.

WANG X Y,CHEN Y B,LIN Y,et al.,2015. Water Environment Quality Assessment of Three Gorges Reservoir Based on the Distance Evaluation Theory and SVM[C]. 4th International Conference on Energy and Environmental Protection(ICEEP 2015).

WANG Y M,ELHAG T M S,2007. A comparison of neural network, evidential reasoning and multiple regression analysis in modelling bridge risks[J]. Expert Systems with Applications,32(2):336-348.

WALSKI T M,PARKER F L,1974. Consumers water quality index[J]. Journal of the Environmental Engineering Division,100(3):593-611.

WAN Y, XU L L, GENG Q F, et al., 2012. Ecological hot topics in global change on the 2nd international young ecologist forum[J]. Acta Ecological Sinica, 32(17): 5601-5608.

WANG C P, 2013. Aquatic environment security assessment of drinking aquatic source reservoirs in haihe river basin and Its Application[J]. Journal of China Hydrology, 33(6): 63-67.

WEN K L, 2008. A Matlab toolbox for grey clustering and fuzzy comprehensive evaluation[J]. Advances in Engineering Software, 39(2): 137-145.

WILLIAMS G P, WOLMAN M G, 1984. Downstream Effects of Dams on Alluvial Rivers [M]. Washington, DC: US Government Printing Office.

World Commission on Environment and Development (WCED), 1987. Our Common Future[C]. New York: Oxford University Press, 143-146.

WU K Y, ZHANG L B, JIN J L, et al., 2007. Ecological security evaluation of Chaohu Lake Basin based on attribute recognition model[J]. Chinese Journal of Ecology, 26(5): 759-764.

WU G J, 2006. A synthetical index of the potential threats about intense activities of meteors[J]. New Astronomy, 12(1): 52-59.

XIANG H M, JIN L H, 2011. Regional aquatic security evaluation research based on DPSIR model[J]. Journal of Safety and Environment, 11(1): 96-100.

XIAO D N, CHEN W B, GUO F L, 2002. On the basic concepts and contents of ecological security[J]. Chinese Journal of Applied Ecology, 13(3): 354-358.

XIAO D N, CHEN W B, GUO F L, 2002. On the basic concepts and contents of ecological security[J]. Chinese Journal of Applied Ecologe, 13(3): 354-358.

XIAO R B, OUYANG Z Y, HAN Y S, et al., 2004. Hainan ecological safety evaluation[J]. Journal of Natural Resources, 19(6): 769-775.

WANG X Z, CAI Q H, YE L, et al., 2012. Evaluation of spatial and temporal variation in stream water quality by multivariate statistical techniques: a case study of the Xiangxi River basin, China[J]. Quaternary International, 282: 137-144.

TUO Y, CAI J B, ZHU D W, et al., 2014. Effect of Zn2+ on the performances and methanogenic community shifts of UASB reactor during the treatment of swine wastewater[J]. Water Air Soil Poll, 225: 1996.

YE Y P, LIU L J, 2002. A preliminary study on assessment indicator system of provincial eco-environmental quality in China[J]. Research of Environmental Sciences, 13(13): 33-36.

YISA J, AGBAJI E B, OKONKWO E M, 2009. Tannery effluents quality evaluation using principal component analysis for challawa industrial Estate, Kano, Nigeria [J]. Asian Journal of Water, Environment and Pollution, 6(3): 34-41.

ZADEK L A, 1965. Fuzzy set[J]. Information and Control, 1965, 336-353.

ZHU X, LI J Z, 2013. Comprehensive Evaluation of the Impact of Urbanization on Aquatic Resources Utilization in Dongting Lake Area[D]. Hunan: Hunan Normal University.

ZUO W, WANG Q, WANG W J, et al., 2002. Research on regional ecological security indicators and evaluation standard[J]. Geography and Territorial Research, 18(1): 67-71.